U0295808

# SATURN

AND HOW TO OBSERVE IT

# 观测土星

Julius L. Benton, Jr

〔美国〕小朱利叶斯·L. 本顿 著

李德力 译

上海三联书店

谨以此书献给我的父母朱利叶斯（Julius）和苏珊·本顿（Susan Benton），他们给了我第一台望远镜；献给我的姑姑玛丽·安·琼斯（Mary Ann Jones），她不断地鼓励我探索星空；献给我的家人，感谢他们的耐心和理解，因为这些年来，我对天文的执着消磨了无数时光；献给我的导师和老朋友沃尔特·哈斯（Walter Haas）；并衷心感谢来自各地的土星观测者，在我担任国际月球和行星观测者协会土星部门的协调员期间，他们为部门奉献了可靠的观测结果。

# 序 言

在我 10 岁的时候，我得到了我的第一副天文望远镜——一款 60 毫米孔径的 Unitron 反射式望远镜。那是父亲送我的圣诞节礼物。接下来的几年，我花了无数个小时探索天空，几乎找遍了这款小设备所能触及的所有天体。我非常幸运，在我童年的大部分时间里，我一直拥有一个观测点，那里足够黑暗，随时可去。不像我很多爱好天文的朋友，他们需要避开城市的灯光，到偏远的乡野，才能进行有意义的深空观测。而我，只要把天文望远镜和星图搬到几步远的后院就可以了。

等我上了高中，对我来说，星空已经变得非常熟悉和有趣。我几乎追踪到了这款小望远镜所能发现的所有星系、星云和星团，我还能用这套精巧的光学仪器分辨出理论上能观测到的大多数双星。后来，我通过兼职（还有节省下的学校的午餐费）赚够了钱，买了一台 10.2 厘米孔径的高级折射式望远镜。我立刻把这款新的 Unitron 投入观测中，再一次测量我所深爱的深空天体。虽然增大的孔径能够使我更好地观测它们，但是我立刻发现它们实际上没有什么变化，因此，我开始转变观测对象。基于新设备较高的分辨率，我的兴趣几乎完全聚焦到了对月球和明亮行星的观测上。在 250 倍的放大倍率下，我看到月球、木星和土星呈现出丰富的细节。这些细节深深吸引了我，我花了无数个夜晚观察着这些细节的变化。不可否认，我后来成为行星观测者，主要是受月球和行星不断变化的表面的影响。既然拥有了足够大的望远镜孔径，并收集了越来越多的目镜和配件，我自然想更多地观测月球和行星。然而，我很快意识到，设备越大，越不便于携带。尽管如此，我从来不需要携带转仪钟驱动的望远镜跑来跑去，除非观测彗星或小行星。因为经验表明，观测月球和行星不是一定需要黑暗的夜空和明晰的天际。像我之前，曾不止一次，只需要走出家门，就可以开展观测了。因此，我时常追逐着月球和明亮的行星，度过了许多个精彩的观测季。不过，土星最终成了太阳系中我钟爱的天体，并且不久后，我开始认真绘制观测图像，并把观测记录写进日志本中，以备将来翻阅。

对月球和行星天文学的兴趣伴随着我进入大学时代。当时，天文学黯淡的就业前景迫使我选择了物理和环境科学专业，但是每当晴朗的夜晚，我总是与望远镜待在一起，形影不离。等到完成本科学业时，我对月球和行星天文的兴趣几乎上升到了一种痴迷的程度。1969 年 7 月 20 日，阿波罗 11 号在“静海”登陆月球，这一空前的壮举激发了我的热情。第二年，我第一次参加天文学会议，会上初次见到了沃尔特 · 哈斯，他是国际月球和行星观测者协会的创始人和总干事。我向他表达了自己要奉献于月球和行星观测的热切希望。他的热情、鼓励和指导给了我很大帮助，因此，我参与了许多国际月球和行星观测者协会的活动。然而，由于研究生院的要求严格，在接下来的几年里，我不得不将大部分时间花在攻读高等学位上。但是，我每周仍然设法抽出几个小时，做系统的观测和记录。

国际月球和行星观测者协会的氛围轻松、融洽，常常给人耳目一新的感觉，让人心生迷恋。不久我便被我相遇、相交之人的丰富阅历所折服。多年来，我接触了有关设备和观测的各类哲学观点和科学知识，深受感染。开展细致的观测极具挑战，却非常有趣。我很乐意将自己的观测结果贡献给一个数据库，这有可能促进人类对土星和整个太阳系的认知。我们还在集体论坛上积极互换信息、交流想法，每个人都得到了锻炼，当然也包括我在内。甚至，有些观测者成了专业的天文学家。此外，在我还没成为国际月球和行星观测者协会的成员之前，我就发现了《漫步着的天文学家》(也称为《国际月球和行星观测者协会杂志》)这本杂志。这是一本必读杂志，其中包含的信息很难在其他地方找到。这本杂志在天文爱好者和专业天文学团体之间建立并维持着重要联系，这样的联系不可多得。年度大会通常与国内和国际上的其他团体联合举行，这些会议令人愉悦，又常常能激发人的思维。我在会上收获了许多长久的友谊。

1971年，我被任命为国际月球和行星观测者协会土星部的协调员。对于被选中担任这一角色，我感到非常荣幸。我非常珍视导师沃尔特·哈斯以及国际月球和行星观测者协会的其他同事对我的信任。我对土星的认识所做的任何微小的“观测天文学”的贡献，都是出于真心和热爱。长达34年的记录、分析和图像报告发布，从来没有让我厌倦过。国际月球和行星观测者协会土星部取得的成功，少不了众多观测者奉献的热情和毅力。如果没有这些，这一切都将是不可能的。

我和我的许多同龄人都很幸运，能够成长于“太空时代”，我们亲眼看见了行星科学的重大发现和不断进步。三十多年来，临近天体从一无所知和不可触及的物体变为熟悉的世界，我们经历了这一奇妙的、引人入胜的转变。面对如此快速的进展，我想人们很容易有这样的想法：天文爱好者的工作早就过时了，因为地面上的有利观测点太固定、太受限。的确，“阿波罗号”宇航员的月球探索或“轨道环绕、登陆或巡游”航天器可以对行星和卫星开展近距离监视，这些工作显然超出了地球上天文爱好者的观测范围。但是千万不要被误导：在月球和行星观测的许多方面，天文爱好者的工作并没有因为这些极其昂贵的设备的冲击而过时。天文爱好者与专业天文学家不同，他们不但可以继续享受目视观测的自由及优势，而且能够任意指定观测时刻、延长观测时间来对喜爱的太阳系天体展开研究。事实上，目视观测者对科学的贡献在于，他们可以在眼睛最敏感的光波波段对月球和行星进行系统、长期和同时观测。训练有素的天文爱好者的眼睛，在断断续续的非凡视觉时刻，具有独特的感知能力。它们能够感知太阳系天体表面和大气中的细微之处，而这些细节往往无法由较大孔径的常规摄影技术拍摄出来。精心保留系统的目视观测至关重要，与此同时，越来越多的观测者开始使用复杂的电子设备，如电荷耦合器件（CCD）、专用摄像机和网络摄像机，来记录令人难忘的、细节丰富的行星图像，这些图像的质量是以往天文摄影无法企及的。此外，有些天文爱好者非常用心，他们精心组装的系统引起了专业界越来越多的关注。他们曾多次被邀请参与专业的研究项目。同时观测项目和专业—业余的密切合作在21世纪继续进行着，毫无疑问，未来这种合作将会更多。

假如把土星仅仅看作一个球体，那么它将是一个缩小版的木星，较小、较暗、较平静。但是，土星拥有宽阔且对称的光环，别致且壮美。无论目视观测还是摄影观测，这都给土星增添了独特的吸引力。除了壮丽的外表，这颗行星还有很多其他特征，值得长久而细致地观测。另外，它还有八颗卫星。如果事先确定好了方位，观测者使用中等尺寸的望远镜很容易就能看到它们。在本书中，读者将学习到如何使用天文爱好者力所能及的方法、技术、设备和配件来观察土星、土星环和土星较亮的卫星。我希望达到的目标是，首先帮助读者了解土星这颗行星的一些基本信息，然后重点阐述记录有用数据、报告观测结果所涉及的基本知识，并为更高级、更专业的观测提供建议。观测者还将会学到如何参与由国际组织——如国际月球和行星观测者协会或英国天文协会——发起的优秀的土星研究项目。这些组织定期与专业团体共享数据，发布详细的观测报告。当读者使用本书提供的方法和技术时，无疑会出现一些情况，要求掌握更全面的信息。对此，我很乐意进行沟通、指导和提出建议，我还乐意给更深入的观测提供帮助。为了方便起见，我提供了两个网页链接：国际月球和行星观测者协会官方网站：http://www.lpl.arizona.edu/alpo；国际月球和行星观测者协会的电子讨论小组：Saturn-ALPO@yahoogroups.com，读者可以访问这两个国际网站来获取并下载观测表格和说明、星历表、特殊提示和公告、近期观测结果以及大量有关土星的其他及时信息，甚至还有与专业天文学家联系的方式。这些网站还包含许多友情链接，有专业的，也有业余的，土星爱好者肯定会感兴趣。读者可以自愿参加论坛，交流信息。除上述网站外，我还在书的末尾提供了一份比较全面的参考文献列表。这些文献有著名的天文期刊和权威文本，以帮助读者了解更多的业余观测历史、最新行星科学的进展，特别是我们对土星快速增长的认知。

朱利叶斯·L. 本顿 , Jr.
国际月球和行星观测者协会土星部协调员
国际月球和行星观测者协会天文学助理
萨里路 305 号
威尔明顿公园
佐治亚州萨凡纳 31410
电子邮件：jlbaina@msn.com

# 目　录


## 第一章　土星，一颗行星 ........ 001

1.1　太阳系概览 _002　1.2　土星：基本性质和术语 _005
1.3　土星的大气 _012　1.4　土星内部和磁层 _016
1.5　土星的环系 _019　1.6　土星的卫星 _027

## 第二章　望远镜和配件 ........ 037

2.1　折射式望远镜 _038
2.2　牛顿反射式望远镜和卡塞格伦反射式望远镜 _043
2.3　折反式望远镜：施密特－卡塞格伦望远镜和马克苏托夫－卡塞格伦望远镜 _045
2.4　望远镜支架装置 _048　2.5　配　件 _051
2.6　选择适合观测土星的望远镜 _064

## 第三章　影响天文观测的因素 ........ 067

3.1　系统观测 _068　3.2　天文视宁度 _069　3.3　透明度 _078
3.4　分辨率、图像亮度和衬度感知 _080　3.5　颜色感知 _087
3.6　谈一谈同时观测 _089

第四章　土星本体和环系的目视印象……………………………091

4.1　望远镜下本体不同区域的外观 _094　4.2　土星的南半球 _095
4.3　土星的北半球 _100　4.4　望远镜下土星光环的外观 _103
4.5　光环侧影 _108　4.6　影和其他的土星本体、光环特征 _111
4.7　土星本体和光环掩恒星 _112　4.8　月掩土星 _113

第五章　土星本体和光环绘图……………………………115

5.1　土星绘图的目的和目标 _116　5.2　实施绘图 _119
5.3　图像命名和视场定向 _123　5.4　影响绘图可信度的因素 _125

第六章　目视光度测量和色度测量的方法……………………………129

6.1　目视相对亮度值评估（目视光度测量）_130
6.2　滤光片技术（目视色度测量）_134　6.3　绝对目视颜色评估 _138
6.4　研究土星光环的双色性 _139

第七章　确定纬度和中央子午线中天时刻……………………………143

7.1　测量土星本体特征的纬度 _144　7.2　中央子午线中天时刻 _149

第八章　观测土星的卫星……………………………157

8.1　评估卫星星等 _160　8.2　卫星凌土、卫影凌土、掩和食 _163
8.3　土卫六的专业观测 _165

第九章　土星和土星环系成像入门……………………………167

9.1　天体摄影 _169　9.2　CCD 成像的世界 _172
9.3　CCD 相机和数码相机 _173　9.4　网络摄像机 _176
9.5　捕捉和处理网络摄像机图像的步骤 _179
9.6　土星和土星环系的系统成像 _182

附　录……………………………185

国际月球和行星观测者协会的表格 _186　参考书目 _196
术语译名对照表 _201

# 第一章

# 土星，一颗行星

## 1.1 太阳系概览

假如站在太阳系上方，从一艘宇宙飞船上向下俯瞰，太阳的光芒完全掩盖了九颗行星[①]的光亮，即便是巨大的木星，也会毫无反抗地沉没于太阳的光辉之中。这九颗行星主要靠反射太阳光来发光。太阳的质量占太阳系总质量的 99.8% 以上，与它相比，地球和其他行星只不过是轨道上的碎片罢了。这与我们在地球上的感受形成了强烈的反差。然而，行星公转的角动量竟占太阳系总角动量的近 99%。另外，太阳和行星的成分也不一样。太阳主要由核聚变产生的等离子体构成，而行星基本上都是固态岩石物质，主要成分有硅酸盐、金属、冰以及不同量的液体或气体。

在太阳系的九颗行星中，水星和金星围绕太阳运动的轨道比地球的小，因此被划分为内行星。其他的行星沿着地球外围的轨道绕太阳公转，被称为外行星。在另外一个分类方案中，水星、金星、地球和火星因成分相似，自转相对较慢，被称为类地行星。它们基本上是由岩石和金属物质构成，密度大，直径分别为 4878 千米（水星）、12, 100 千米（金星）、12, 800 千米（地球）和 6878 千米（火星）。太阳系在 46 亿年前形成，自那时以来，类地行星不断受到陨石和彗星的撞击，表面布满了不同数量的陨击坑。此外，星球表面还保留着断层和火山等构造运动的痕迹。它们要么不存在大气，要么大气较为稀薄，主要由不同浓度的二氧化碳、

① 国际天文联合会在 2006 年正式定义了行星的概念，将冥王星排除出行星行列，划为矮行星。本书在 2005 年出版，仍然将其视为第九大行星。故本书遵照原著对行星的称谓。——译者注

氮气和氧气等气体组成。只有地球和火星这两个类地行星有卫星。月球，我们唯一的卫星，直径是 3474 千米，与围绕火星运动的两块小岩石——火卫一和火卫二——相比，它要重要得多。当然，地球是独一无二的，其上有无处不在的生命形式，有着广袤的海洋。

木星、土星、天王星、海王星这些巨行星的直径分别是 143, 000 千米、120, 600 千米、51, 100 千米和 49, 500 千米，被称为类木行星。它们拥有强大的磁场，自转速度快，其成分主要有 75%~90% 的氢，10%~25% 的氦，不同数量的水、氨、甲烷和其他微量物质。这四颗类木行星全部都有卫星相伴。这些卫星从直径小到几千米的超小卫星，到广阔的异域世界，它们争奇斗艳，拥有大小不一的陨击坑、冰原、褶皱地表、活火山和许多其他的独特特征。其中的几个甚至比水星和我们的月球还要大，而且至少有那么一个，土星的卫星——土卫六，有相当浓厚的大气。巨型行星的另一个显著特征是它们的光环，大多数光环由岩石块或冰屑组成。环绕土星的光环系统广阔而宏伟，没有哪个类木行星的光环能与其匹敌。

最后，还剩下一个直径为 2274 千米的冥王星。它大约由 70% 的岩石物质和 30% 的冰组成。冥王星有一颗卫星——冥卫一，大小约为冥王星的一半。天文学家一直争论，冥王星到底应该被视为一颗行星，还是应该被降级为一颗较大的小行星或是彗星。

除了九大行星及其天然的卫星以外，还有两类较小的天体围绕着太阳运动，它们是小行星和彗星，早期太阳系的残余物。大多数小行星的轨道介于火星和木星之间，也有小行星［例如特洛伊族小行星（the Trojan asteroids）］位于木星等大行星前方 60 度和后方60度的引力稳定区内。小行星的直径小于1000千米，主要由岩石和金属物质构成。多数小行星的轨道大致呈圆形，通常位于太阳系平面上下几度的范围内。彗星是直径几千米的冰块，当它们到达太阳附近时，会产生云雾状的光辉和长长的明亮尾巴。大多数彗星位于远离大行星的奥尔特云中，但也有少数彗星在海王星附近的柯伊伯带出没，具有不同的轨道偏心率和倾角。当它们远离太阳，影影绰绰时，就很难和小行星区分开来了。

## 1.2 土星：基本性质和术语

土星的直径是 120, 600 千米，平均距离太阳 9.54 天文单位（1 天文单位 =1.43 × $10^9$ 千米，指的是地球的平均日心距离）。它用 29.5 年完成一次公转。土星的平均朔望周期是 378 天（连续两次土星合日的时间间隔），因此，这颗行星的一次可见期持续的时间略长于一个地球年。土星每年相对于背景星向东移动约 12 度，这意味着它在一个星座中停留相当长的时间。土星在近日点和远日点分别与太阳相距 9.01 天文单位和 10.07 天文单位，可以算出它的轨道偏心率处于中等水平，数值为 0.056。土星的轨道向黄道倾斜 2.5 度。

土星冲日时，距地球最近，约 8.0 天文单位，并达到最大亮度，亮度为 –0.3 $m_v$（其中 $m_v$ 表示目视星等），超过了天空中除天狼星和老人星以外的所有星星。尽管如此，因它离太阳较远，其亮度比木星和火星（当火星接近大冲时）都要逊色很多。对地球上的观星者来说，这并不是影响土星亮度的唯一因素。土星的亮度很大程度上还取决于光环相对于我们视线的朝向，因为它那辽阔而壮美的光环系统具有很高的反照率。因此，当土星身披充分张开的光环冲日时，最为明亮。相反，当土星环的正侧面朝向我们时，它冲日的目视星等绝不会超过 +0.8 $m_v$。土星的邦德反照率[①] 是 0.33，即土星朝各个方向反射太阳光的占比。它的可见光几何

① 邦德反照率，又称球面反照率，是由美国天文学家乔治·邦德提出，并以他的姓氏命名。它的定义是天体反射入太空的所有电磁辐射和入射的电磁辐射功率比例。——译者注

反照率 $p$，在 0 度相位角（满相）下反射阳光的占比为 0.47。

土星自转轴与其轨道极之间的夹角，即转轴倾角，是 26.7 度（地球的是 23.5 度）。虽然土星的自转轴在太空中几乎保持不变，但是土星的半球面却因转轴倾角随着轨道运动朝向太阳或背离太阳，所以，土星和地球一样也有季节变化。

几乎任何望远镜中的土星都非常壮美、迷人。这主要得益于它最著名的特征——精美的光环系统。土星在中等尺寸的望远镜中呈现明显的淡黄色。在冲日点（当土星在天空中与太阳相对时，几乎可以整夜看到它），这个星球达到它最大的赤道角直径 19.5 角秒。土星随着公转的前行出现季节变化，土星光环也展示出不同的面貌（在地球上观看），这十分夺人眼球。这是因为光环系统正好处于土星的赤道面上，并且土星的北极（或南极）向太阳倾斜又导致了北半球（或南半球）夏季的出现。当土星处于夏季时，光环向太阳和地球上的最佳观测点张开，显露出 26.7 度的最大张角，并达到最亮。此时，土星另一侧的半球背离太阳和地球，笼罩在冬季的氛围之中，且大部分区域被穿行在它上面的星环所遮挡。土星环的侧面在春季和秋季正对太阳，朝向我们的视线，有时它会消失一段时间，甚至在大型望远镜中也很难找到它的影子。这段时间是土星一年（土星年）当中，南北半球在望远镜中等量出现的日子。土星因自转明显偏离完美球体，扁度达到 0.108。

土星与木星一样，表面也有一系列带纹和亮带图案。带纹呈暗黄色至棕褐色，亮带呈白色至黄色，它们平行于赤道和土星环系，遍布整个星球。有时候，从土星的亮带和带纹中还可以观察到分离的小结构。这些特征与木星上的非常相似，但大多时候被厚厚的雾霾覆盖，难以观测。最常碰到的现象是亮带中延绵的昏暗花纹和散布的亮斑，由带纹中的喷射或附属结构所引起。图 1.1 是土星本体和光环的示意图（如天文望远镜中的典型倒像中所看到的样子），显示了常见的大气特征和光环结构。表 1.1 给出了土星本体表面主要带纹和亮带图案的命名，并粗略描述了它们的特点。

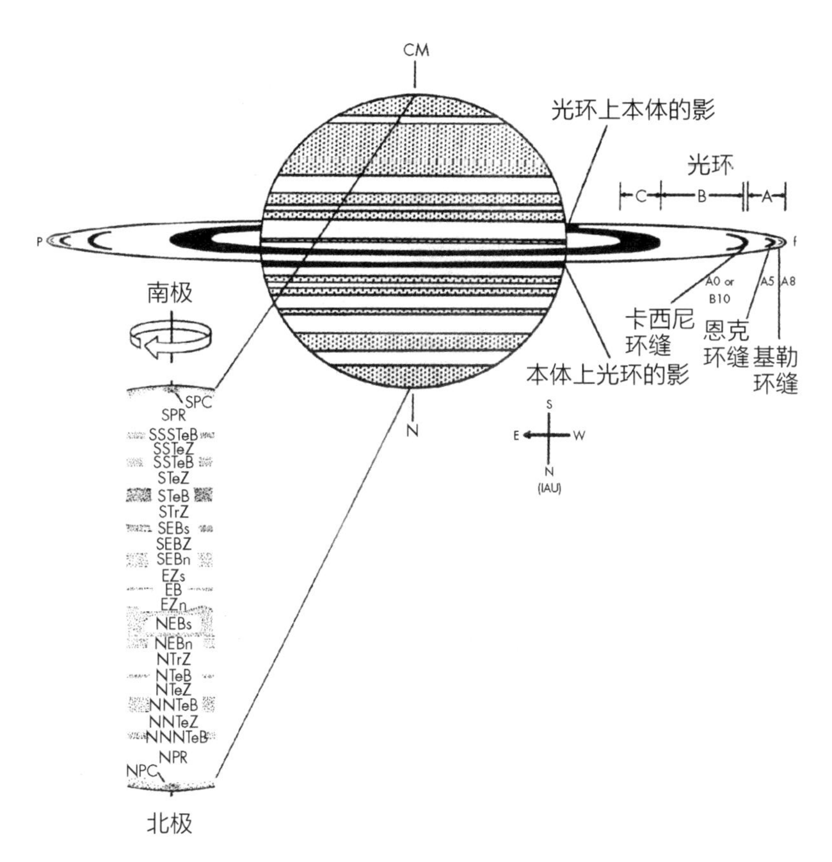


图 1.1　土星本体和光环的主要特征示意图。典型的天文望远镜倒像，顶端是南部，左侧是东部，星体特征从右向左（从西向东）移动，由国际天文联合会公约约定。图片源自小朱利叶斯 · L. 本顿 / 国际月球和行星观测者协会土星部。

表 1.1 土星本体表面主要特征的命名和特点 *

| 特征 | 描述 | 注释 |
| --- | --- | --- |
| SPR | 南极区 | 土星本体最南端，有时顶部出现南极冠。南极冠有时清晰可辨，有时暗淡模糊但偶尔闪现。 |
| SSTeZ | 南南温亮带 | 把南南温带纹和南极区分隔开来；比其他的南半球区域暗很多。 |
| SSTeB | 南南温带纹 | 不经常可见，即便能被看到也很窄，其特征也不明显。 |
| STeZ | 南温亮带 | 通常非常明亮，若极力辨认，有时可看到微弱的暗特征和偶尔出现的亮斑。 |
| STeB | 南温带纹 | 经常可见，偶尔出现模糊的暗斑。 |
| STrZ | 南热亮带 | 和南温亮带一样，这个区域也非常明亮，周期性出现暗淡特征和边界模糊的明亮斑点或斑块。 |
| SEB | 南赤道带纹 | 很暗，易看到，分为南赤道带纹南和南赤道带纹北，中间由较亮的南赤道带纹亮带隔开。南赤道带纹经常表现得比土星南半球其他区域活跃。 |
| EZ | 赤道亮带 | 赤道亮带绝对是这颗星球上最亮的云带，云带内能观察到昏暗的细节和白斑，在这片区域里它们出现的频率要高于其他区域。赤道带纹细且罕见，将赤道亮带分为赤道亮带南和赤道亮带北。 |
| NEB | 北赤道带纹 | 与土星南半球南赤道带纹相对应，许多特征也相同，同样分为北赤道带纹南、北赤道带纹北和北赤道带纹亮带。 |
| NTrZ | 北热亮带 | 和南热亮带一样，这个区域常常很明亮，位于两条暗带纹之间，时常出现花纹和白斑。 |
| NTeB | 北温带纹 | 经常可见，时不时地出现暗斑或扰动等活动。 |
| NTeZ | 北温亮带 | 相当明亮，其特征和周期性活动与南温亮带相似。 |
| NNTeB | 北北温带纹 | 很少见，有可能在极佳观测状态下出现，显示为一条纤细的、缠绕星体的线。 |
| NNTeZ | 北北温亮带 | 有点暗，有时能被看到，将北北温带纹和北极区分隔开来。 |
| NPR | 北极区 | 这颗星体最北的部分，它的整体外观通常很暗，有时会变亮；在最低端，偶尔可以看到北极冠。 |

*顺序如图1.1所示；土星本体某些表面特征的可见性受土星环位置和方位的影响。

赤道区包括表 1.1 中的北赤道带纹、南赤道带纹和赤道亮带，它自转的恒星周期（日）[①]为 10 小时 14 分 00 秒，被称为系统

① 天文学以恒星为标准量度行星自转的周期，叫作行星自转的恒星周期，也就是一个恒星日。它是真正的自转周期。以太阳为标准量度行星的自转周期叫作太阳日。由于行星公转的原因，太阳日并不等于恒星日。——译者注

Ⅰ。土星本体的其余部分被称为系统Ⅱ，其自转的恒星周期（日）为 10 小时 38 分 25 秒。有时，人们认为南极区和北极区自转速率与系统Ⅰ相同，而被排除在系统Ⅱ之外。此外，无线电波揭示，土星内部存在一个恒星周期（日）为 10 小时 39 分 22 秒的系统Ⅲ。土星本体上带纹和亮带的纬度不会因土星本体的自转而发生明显变化。如图 1.1 所示，光环从右向左（常规的倒置视图）穿过星体的表面，这对应着从西向东，或向正前方移动。这里的东西方向是土星上的真实方向，符合国际天文联合会标准，与我们从地球上观看土星时感知的方向相反。在本书中，我们均采用这种对方向的约定。另外，请记住，在天文望远镜的倒像中，依据国际天文联合会标准，土星的前导边缘（$p$）位于东面，后随边缘（$f$）位于西面。

尽管土星的质量还不到木星质量的三分之一，但与地球相比仍然是一颗巨行星。根据这颗行星与它的天然卫星的相互作用，土星的质量被确定为 $5.68 \times 10^{26}$ 千克。土星的平均密度为 700 千克 / 立方米，是大行星中密度最低的一个。我们知道，水的密度是 1000 千克 / 立方米，因此，如果有一个足够大的海洋，那么土星将会浮在上面！

与木星、天王星和海王星环绕的光环不同，土星的光环自成体系。土星环系的反照率高于其本体，比太阳系中其他任何一个行星的都要明亮和复杂。它对土星这颗行星的总亮度做出了巨大的贡献。土星环在其长轴上的角范围高达 44.0 角秒。环系位于土星的赤道面上，因此，它们的倾斜角度为 26.7 度。土星的公转周期为 29.5 年（行星的自转轴在空间中的方向保持不变），因此，地球的轨道平面与土星环平面将发生两次重叠，周期间隔分为 13.75 年和 15.75 年。土星椭圆形的轨道导致了这两个周期的长短不同。当发生重叠时，在我们视线的前方只有土星环的侧面。在较短的周期内，土星经过近日点，土星环的南面和土星本体的南半球朝向地球；从地球上看，土星环的倾斜角度将从 0 度变为 –26.7 度再变回 0 度。在较长的周期内，土星穿过远日点，光环的北面和土星本体的北半球朝向地球，暴露在观测者面前；此时，光环相对于我们视线，倾斜度从 0 度变为 +26.7 度再变回 0 度。土星环的厚度约为 100 米，当它侧翼朝向时，极难被观测到，似乎完全消失了一般。

这些光环位于土星的洛希极限内，或者说位于距离火星的一段距离之内。若物体超过这段距离，即便没有万有引力引起的内聚力，物体也能够留存，不会碎散。典型的光环系统由三个主环构成。首先是 A 环，它在最外层，距土星中心的内半径为 122, 200 千米，外半径为 136, 800 千米，宽度为 14, 600 千米。B 环在中间，更宽、更亮，内半径为 92, 000 千米，外半径为 117, 500 千米，宽度为 25, 500 千米。最后是 C 环，内侧的暗环，其内半径是 74, 658 千米，外半径是 92, 000 千米，宽度是 17, 342 千米。总体来看，典型的光环系统从一端到另一端一共延伸了 273, 600 千米。在 A 环和 B 环之间，有一个 4800 千米的暗缝，人们称之为卡西尼环缝。在光学条件和综合观测条件良好的情况下，它可以被高性能小型望远镜捕捉到。大致在 A 环的中间，有一条恩克环缝，宽度大约 320 千米，但它的界线没有卡西尼环缝清晰。在 A 环内距离外缘约 3200 千米处是基勒环缝，宽度约 35 千米，需要通过很大孔径的天文望远镜才能看到。图 1.1 显示了上述所有主环及其主要环缝（包括微弱的基勒环缝），这些通常都可以从地球上观测到。

D 环是 C 环内部极其微弱的一部分，其内径约为 67, 000 千米，外半径 74, 510 千米，宽度 7510 千米，它向下延伸几乎要碰到土星大气层的顶端。F 环位于 A 环外部，其内半径为 140, 210 千米，外半径为 140, 600 千米，它非常窄，宽度不会超过 390 千米。在 F 环之外是稀薄的 G 环，内半径为 165, 800 千米，外半径为 173, 800 千米，宽度为 8000 千米。最后，是 E 环，在最外侧，弥漫开来，稀薄又宽广，其内半径为 180, 000 千米，外半径为 480, 000 千米，宽度为 300, 000 千米。稍后将对土星光环进行更详细的讨论，也将讨论它们与卫星的相互作用。人们普遍认为，这些星环结构超出了地球上人类肉眼能够观察到的范围，也许 E 环除外。

## 1.3 土星的大气

土星的大气由大约 93% 的氢和 5% 的氦组成，还包括少量的甲烷和氨。这些少量成分主要以液体或固体的形式存在于土星极端寒冷的高层大气中，那里温度约为 95 开尔文。土星大气还含有微量水蒸气、乙烷和其他化合物（表 1.2）。土星的平均密度是所有行星中最低的，为 700 千克 / 立方米，表明该星球的内部富含氢，并且几乎不含有岩石物质。

氢和氦是土星大气的主要成分，约占其气体成分的 98%，但是氦的含量明显低于木星大气中的含量。这可能与土星的早期演化历史有关。在早期分化过程中，质量较重的氦向行星中心下沉，使得外层大气富含氢，而氦被大量消耗。图 1.2 是简化的土星大气垂直结构图。

表 1.2　土星大气的主要成分

| | | |
|---|---|---|
| 氢 | $H_2$ | 93% |
| 氦 | He | 5% |
| 甲烷 | $CH_4$ | 0.2% |
| 水蒸气 | $H_2O$ | 0.1% |
| 氨 | $NH_3$ | 0.02 % |
| 乙烷 | $C_2H_6$ | 0.0005% |
| 磷化氢 | $PH_3$ | 0.0001% |
| 硫化氢 | $H_2S$ | <0.0001% |
| 甲胺 | $CH_3NH_2$ | <0.0001% |
| 乙炔 | $C_2H_2$ | 微量 |
| 氰化氢 | HCN | 微量 |
| 乙烯 | $C_3H_4$ | 微量 |
| 一氧化碳 | CO | 微量 |

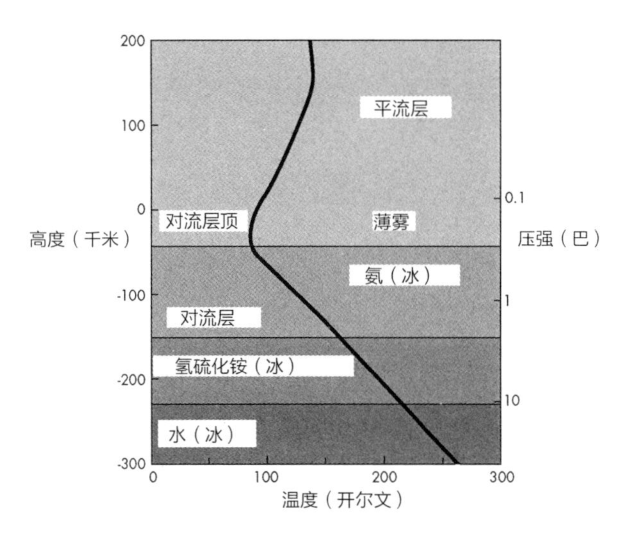


图 1.2　简化的土星大气垂直结构图。图片源自小朱利叶斯·L. 本顿 / 国际月球和行星观测者协会土星部。

土星的云层几乎阻挡了大多数波长的光，因此，无法对其深层大气展开详细研究。对该行星红外波段的热辐射研究表明，温度从赤道到两极下降约 10 开尔文。最近的红外数据还表明，在土星两极的上层大气中均有一个温暖的极地涡旋。有趣的是，地球、金星、火星和木星上的极地涡旋都比周围冷，相比，土星两极的红外“热点”显得非常独特，有待进一步研究。此外，土星对流层的温度在赤道区域呈现对称分布。这也是令人困惑的现象，毕竟土星有 26.7 度的倾角，本应拥有显著的季节性变化。事实上，在距太阳 9.54 天文单位的地方，这颗行星对日照变化的响应明显迟缓。此外，土星光环阻碍了阳光进入土星本体的赤道区域。阳光对这颗星球天气的影响似乎微乎其微。

土星没有明确的固体表面，图 1.2 中的对流层顶被指定为高度的参考点，高度值为 0.0 千米。云顶位于对流层顶下方约 50

千米处。图 1.2 显示，温度在土星对流层顶和更高的平流层发生了反转。上层大气的温度因甲烷吸收太阳的紫外线辐射（类似地球上的臭氧）而升高。平流层上方是极为稀薄的电离层，主要含有电离的氢（$H^+$）。

如图 1.2 所示，土星大气存在分层现象，从对流层依次向下，分别是在低于 145 开尔文的温度下凝固的氨冰层、硫化氢铵（冰）层和水（冰）层。木星上也有类似的区域，其总厚度为 80 千米。与木星不同，土星的这三层总厚度达到 200 千米（各自的厚度均大于木星上对应层的厚度）。原因在于，木星拥有更强的引力，其大气被压缩得更多。云层的上部覆盖着一层薄雾，薄雾在对流层顶附近，由阳光与土星上层大气相互作用而形成。土星较深的云层颜色丰富，由和木星上一样的化学反应引起，主要是硫和磷的反应，但也可能涉及有机化合物。不幸的是，遍布整个星球的薄雾笼罩着这些区域，掩盖了其丰富多彩的属性，导致这颗星球大多数时间看起来都色泽单一。经常用望远镜观测土星的人，都会觉得土星缺少色彩。但是正如本章前面提到的，即便有薄雾层的干扰，坚持不懈、仔细的观测者仍能识别出白色或淡黄色的斑

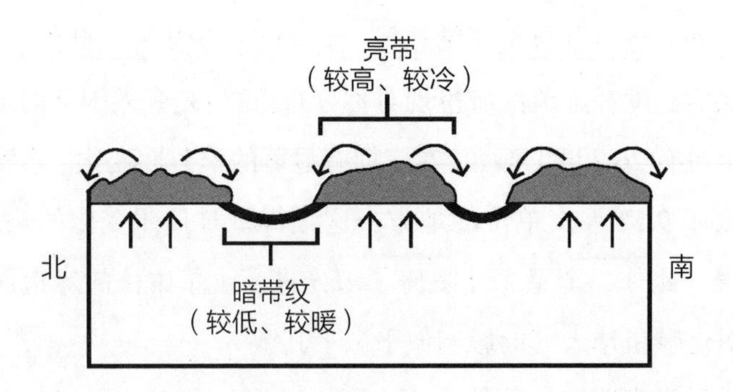


图 1.3　土星带纹和亮带对流结构的横截面图。图片源自小朱利叶斯 · L. 本顿 / 国际月球和行星观测者协会土星部。

点，以及淡黄色至棕褐色的带纹。通常情况下，像木星上那种伴随剧烈风暴而发生的复杂颜色变化在土星上不常看到。

图 1.3 是土星带纹和亮带对流结构的简化图。这些亮带是寒冷的高层大气中明亮的上升云，由来自下方的对流能量所驱动。而带纹则是丰富多彩的下沉区，暴露出更深、更温暖的大气区域。喷射气流在科里奥利力的作用下，向东或向西迅速移动，引起复杂多变的带纹和亮带的形态，驱动着湍流、旋转涡的发展和演变。

在所有与土星带纹和亮带有关的大气扰动中，亮带的白斑（尽管罕见）最显著和持久。这些白色斑点的壮丽外观可能是由氨冰晶引起的。当温暖的上升气流侵入冷得多的上层云层时，形成冰晶。此时，化学反应还来不及改变其颜色。之后，这些亮斑随时间向四周扩展、消散。

通过分析土星大气风的模式，可以清楚地看到沿赤道向东的带状流（zonal flow）。在低于 30 度的纬度上，气流的速度可高达每秒 420 米，几乎是木星该区域气流速度的四倍！土星和木星上的流动模式存在巨大差异，确定其确切原因是当前备受关注的研究课题。随着向北或向南远离赤道，东向气流的速度有所降低（例如，土星面纬度大于 30 度时，气流变为每秒 150 米）。直到北纬 40 度或南纬 40 度，气流才开始向西移动；然后，东向和西向环流在相邻的带中交替出现，从中纬度直到两极。土星内部的对流运动和高速自转，为巨大的大气流动和小尺度扰动或风暴提供了大部分的能量。与木星不同，无论是在哪一个纬度或哪一层大气，土星上可见云带（亮带和暗带）的出现与高速流动的东向或西向纬向风之间几乎没有什么关系。在土星的顶部区域，大约距离两极 12 度的范围内，土星大气中有紫外极光出现。

## 1.4 土星内部和磁层

前面已经提到，土星云顶的温度大约为 95 开尔文。仅仅考虑太阳的再辐射这一因素时，云顶的预期温度是 82 开尔文，相比而言，这一温度要高得多。土星和木星一样，内部有自己的热源，辐射出的能量远大于从太阳吸收的能量。巨大的木星可能还保留了一些伴随引力坍缩所形成的原初热量。相比，土星质量较轻，尺寸较小，其原初热量早已辐射殆尽。所以，这颗行星一定还有其他生成热源的机制。土星的无线电波长范围的低频辐射呈现周期波动，有时会发生一些电波喷发，可能是伴随着土星大气中大规模雷电产生的。这些辐射需要航天器进一步研究。

土星上有这样一个过程，它开始于土星遥远的过去（大约 20 亿年前），今天仍在继续。在这一过程中，氦在其大气寒冷的外层凝结成液滴，通常称为氦雨。这些液滴洒落而下，穿过行星内部的液态氢到达更深的地方，不断消耗着外层大气中的氦。随后，这些降落的氦被重力压缩，产生摩擦力，释放出内能。大约 20 亿年以前，约 50% 的原初氦已坠入土星内部（土星的氦含量约为木星和太阳大气的 50%）。图 1.4 显示了计算机模拟得出的土星内部结构。

直觉表明，土星和木星应该有相似的内部结构。模型预测指出，土星的内部由 74% 的氢、24% 的氦和 2% 的重元素组成，大致接近太阳的成分。如图 1.4 所示，在云层下方约 30, 000 千米处，压力为 3.0 兆巴（1 兆巴 = $1.0 \times 10^6$ 巴），分子氢转变为金属氢。由于土星较低的质量和密度，土星内部分子氢到金属氢的

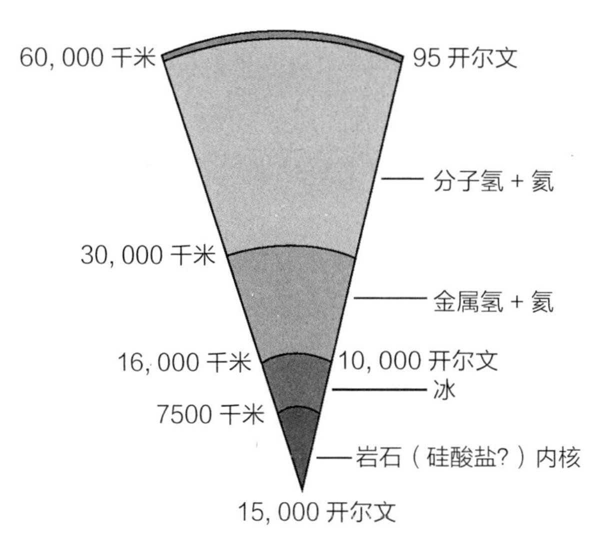


图 1.4　土星内部的理论模型。图片源自小朱利叶斯 · L. 本顿 / 国际月球和行星观测者协会土星部。

转变点比木星深得多（也就是说，当一个人朝星体中心下落时，土星内部压力增加较慢）。在土星的中心可能存在一个硅酸盐岩核，质量约是地球质量的 20 倍。

在之前的讨论中，我们提到土星内部的自转周期是 10 小时 39 分钟 22 秒，加上星体内部的导电性质，土星产生了强大的磁场和一个广阔的磁层。与木星和地球不同，土星的磁场不趋向于它的自转轴。土星磁场的强度约为地球的 1000 倍，但只有木星的 1/20。它足以产生一个可观的磁层和类似地球上的辐射带。土星的磁层朝太阳方向延伸 125 万公里，覆盖了整个环系和多个较小的内层卫星。相比木星的磁层，它捕获的粒子较少，这可能是由于土星附近缺少成束的带电粒子源，并且星环系统还能有效地清除磁层内部的带电粒子。带电粒子密度在土星光环的外缘迅速增加，在距土星中心 30 万至 60 万千米处达到最大值。在这一区域，带电粒子与快速旋转的磁场紧密耦合，产生等离子体层，厚度约为12万千米，可延伸到90万千米的高度。从这一点来讲，太阳风控制着土星磁层的范围，随着太阳风压力的变化，磁层在18万至120万千米的范围内来回波动。需要指出的是，土卫六恰好在该区域围绕着土星运行，它随着太阳风的强弱不断出没于磁层，时而位于磁层内，时而位于其外。

## 1.5 土星的环系

对自然科学的好奇心驱使人们思考，为什么土星周围会存在一个颗粒组成的环，它们最初是如何到那里的，又是什么让它们留在了那里。关于土星壮丽的光环系统，有两种起源理论，但究竟是哪一种仍没有最终确定。第一种理论是，光环系统是46亿年前土星形成时的残留物。第二种是，它由一个物体破碎而成，曾漂流在土星的洛希极限内，直径约250千米。有趣的是，土星环系的总质量为$1.0\times10^{16}$千克，大约相当于一颗直径为250千米的卫星的质量。

越来越多的证据表明，组成光环的颗粒不断相互碰撞，这种碰撞破坏光环系统的时间远小于太阳系的年龄。因此，显然有某种机制对光环内的物质进行着补偿。流星撞击土星的卫星，可能是光环中物质的一种来源。也有可能是，光环中的颗粒来自某颗卫星的一场相对较近的灾难性事件。

在之前的讨论中，我们已经确定所有土星光环都位于土星的洛希极限内。我们还了解到，光环物质的轨道速度随着与本体距离的增加而降低（例如，位于B环内测边缘的物体绕土星旋转一周耗时约8个小时,而A环外缘的物体则需要大约14个小时）。光环颗粒间的相互碰撞，维持着光环物质的圆形轨道，使其保持与顺行轨道运动共面和环行。因此，光环非常薄，厚度不超过100米。在良好的观测条件下，若望远镜孔径足够大，在地球上就可以透过光环结构看到后面更亮的星星。

洛希极限效应主要针对质量大到可以通过自身引力聚集成一

体的物体，而不是靠原子力作为内聚力的物体。因此，很显然，在洛希极限内，非常小的天体可以存在，其中一些较大的被归类为超小卫星。环内绝大多数颗粒的邦德反照率为 0.8，这么高的反照率说明其含有大量的冰晶。光环的红外波长研究证实，其主要成分是混杂岩石物质的水冰（$H_2O$-ice）。表面温度为 70 开尔文时，光环颗粒内的冰是稳定的，不会蒸发（注意，照射到环颗粒的太阳辐射会被附近其他颗粒遮挡，有时也会被土星本体的阴影遮挡）。环颗粒的直径大小在亚毫米到几十米的范围，主要的尺寸是几厘米。

土星环系精致又复杂无比。它由数千个细环组成，这些细环的密度随着宽度高低起伏，交替变化。除了卡西尼环缝和恩克环缝，还有一些其他环缝。此外，光环的精妙结构是不稳定的。由于光环颗粒间的引力作用，密度变化的螺旋波（spiral waves）在整个光环中生成、演化。

直径约为 10 到 25 千米的超小卫星，可以在光环中不受干扰（洛希极限内）地存在。与细环不同，20 个左右的环缝可能就形成于这类小天体的清除作用。例如，土星的第 18 颗卫星土卫十八位于 A 环的恩克环缝中。光环内存在的超小卫星仍然是细缝形成的最好解释。光环颗粒和这些微小物体之间的相互作用为螺旋密度波（spiral density waves）提供了动力，有时还会在较小程度上扭曲部分土星光环。

卡西尼环缝也并非完全没有颗粒，但这个缝隙中的颗粒密度远远低于 A 环或 B 环中物质的密度。虽然卡西尼环缝可能形成于嵌入的超小卫星，但整个环缝还是由其中的微小颗粒与卫星土卫一的 2∶1 共振产生的。共振扰动明显降低了卡西尼环缝中的物质浓度。

在轨道共振效应和超小卫星嵌入清除效应的共同作用下，土星光环出现了一些其他现象。例如，A 环清晰的外边缘是由环外沿的物质与土卫一之间的 3∶2 共振来维持的。同时，小卫星土卫十五的作用（也与土卫一共振）确保了颗粒物质不会逐渐向外逃逸。除土卫一外，A 环外部区域的环颗粒与土卫十和土卫十一卫星对的 7∶6 共振有助于形成清晰的 A 环边沿。理论上已经证明，在没有这种“有利”扰动的情况下，光环颗粒之间的碰撞和其他相互作用都会导致土星环系逐渐向外扩散。

图 1.5 是土星光环的详解示意图，展示光环的结构、嵌入的卫星、已知的环缝等。表 1.3 列出了土星光环结构和环缝的基本数据。

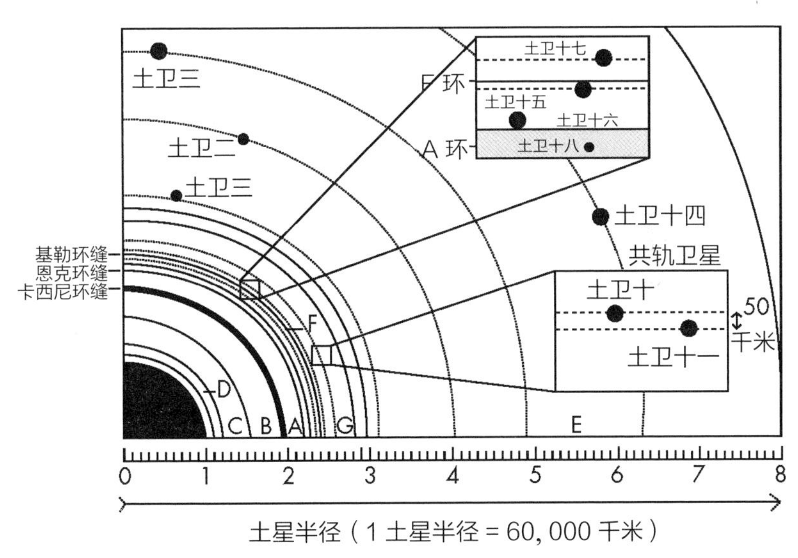


图 1.5　土星光环的详解示意图。视角位于土星北极上方，俯瞰土星光环。图片源自小朱利叶斯·L. 本顿 / 国际月球和行星观测者协会土星部。

表 1.3　土星的环系：基本数据

| 环系名称 | 内半径（千米）* | 外半径（千米）* | 宽度（千米） |
| --- | --- | --- | --- |
| D环 | 67, 000 | 74, 510 | 7, 510 |
| 盖林环缝 | 74, 510 | 74, 658 | 148 |
| C环 | 74, 658 | 92, 000 | 17, 342 |
| 麦克斯韦环缝 | 87, 500 | 88, 000 | 500 |
| B环 | 92, 000 | 117, 500 | 25, 500 |
| 卡西尼环缝 | 117, 680 | 120, 600 | 4, 800 |
| 惠更斯环缝 | 117, 680 | 122, 200 | ~4, 520 |
| A环 | 122, 200 | 136, 800 | 14, 600 |
| 恩克环缝 | 126, 430 | 129, 940 | 3, 500 |
| 基勒环缝 | 133, 580 | 133, 905 | ~325 |
| F环 | 140, 210 | 140, 600 | ~390 |
| G环 | 165, 800 | 173, 800 | 8, 000 |
| E环 | 180, 000 | 480, 000 | 300, 000 |

*距离是指到土星中心有多少千米。

接下来的小节，将按照离土星中心的距离，依次详细介绍每个光环结构以及相关的环缝。

## D 环

D 环没有明确的内边界。实际上，它是由一组极其微弱的细环组成的，其中至少有一个是偏心的。它大致开始于土星云顶上方，距离土星中心 67, 000 千米的地方（距离云顶约 7000 千米）。D 环很暗，颗粒物质相对较少。在土星本体和其他光环的熠熠光彩的映衬下，人们不认为它能够被从地球上看到（除非通过被光环遮挡的星星间接看到）。D 环的轨道周期约为 5.5 小时（环中心部分）。在 D 环的外缘（74, 510 千米处）是狭窄的盖林环缝，约 148 千米宽。

## C 环

有时被称为暗环（特别是当它出现在土星本体的前方时）。C 环开始于 D 环和盖林环缝的外边界，距离土星中心约 74, 658 千米（云顶以上约 24, 500 千米），延伸至 B 环的内边沿（距离行星中心 92, 000 千米）。C 环的轨道周期从 5.8 小时（内缘）到 7.9 小时（外缘）。在地球上的望远镜中观看，C 环很暗，当土星光环大开时，更容易在环脊处探测到它。

C 环的宽度约为 17, 342 千米，它包含许多同心细环，其位置没有因为轨道共振而发生明显改变。麦克斯韦环缝宽 500 千米，在 C 环中，从距土星中心 87, 500 千米处延伸到 88, 000 千米处。环缝内明显有细窄的小细环结构，其中一些看起来像是偏心圆。这些细环的偏心特性可能是超小卫星施加在其上的力的结果，也可能是由产生螺旋密度波的引力相互作用引起的。

## B 环和卡西尼环缝

B 环是光环中最亮的结构，从 C 环的外缘开始，大约在 92, 000 千米处（不存在明显的缝），然后向外延伸约 25, 500 千米，到达离土星中心 117, 500 千米的高度。B 环内边缘的轨道周期为 7.9 小时,外边缘的轨道周期为 12 小时。目视观测者都知道，B 环靠内的三分之二通常比靠外的三分之一暗。B 环由数千个细环和数不清的细缝组成，靠内的三分之二有更多的缝。在地球上看，B 环是光环系统中最不透明的部分，它外侧的三分之一部分和最内侧的边缘最厚。已经提到过，整个环系的厚度在 B 环中达到约 100 千米的最大值。超出光环平面的稀薄的氢（H）粒子弥漫在 A 环和 B 环的上方和下方。但能否在地球上沿着光环的侧面看到这种极其稀薄的薄雾仍不确定。组成 B 环的碎片直径从几厘米到几米不等，光谱分析表明，它们的外观比临近 C 环和 A 环中的颗粒略偏红（成分不同？）。

在 B 环内不时出现深色辐条，其覆盖的范围可达 20, 000 千米。这些暂时的径向特征由微米大小的灰尘组成，由于静电力，这些灰尘悬浮在环平面上方和下方几十米处。静电力很可能是由环内的颗粒碰撞产生的。它们与光环同步绕转，经历一个自转周期后，电场逐渐消散，辐条也随之消失。虽然它们不是永久不变的特征，但却也经常出现。人们还认为，这些特征极少情况下会在 A 环中出现，但根本不会出现在昏暗的 C 环中。

距离土星中心 117, 680 千米处是著名的卡西尼环缝的内边沿。卡西尼环缝的跨度约为 4800 千米，延伸至 120, 600 千米。但在 117, 680 千米外，是一个被称为惠更斯环缝的子缝，该缝大致终止于距离土星中心 122, 200 千米处，在 A 环内边缘附近。从地球上的望远镜中观看，在观测条件良好的情况下，卡西尼环缝看起来是黑色的。但对穿越卡西尼环缝的恒星的观测表明，其亮度有微小的波动。之所以会出现这种情况，是因为在这个缝隙内存在极其微小的碎片，类似于构成 C 环的颗粒。但大部分碎片与附近的土卫一发生 2∶1 共振，并因此被清除。

## A 环、恩克环缝和基勒环缝

A 环比 B 环暗许多，它从卡西尼环缝的外边开始，那里距离土星中心 122, 200 千米，然后向外延伸 14, 600 千米，在 136, 800 千米处结束。A 环的内、外边沿的轨道周期分别为 12 小时和

14.4 小时。虽然土星环在纵向上通常是均匀的，但 A 环有时在环脊（环的东部和西部，距离土星本体最远的区域）附近呈现出沿方位角方向的亮度不对称，这很可能是由于重力引起的粒子聚集，并导致暂时的“密度尾迹”。

A 环与 B 环一样,有细缝和细环结构,更显眼的恩克环缝（约 3500 千米宽）出现在距离土星中心 126, 430 千米至 129, 940 千米的范围内（从 A 环内外边界内的 29% 至 53% 的距离处）。在有利的观测条件下，在地球上用中等尺寸的望远镜就可以看到恩克环缝,但它从来没有卡西尼环缝那么明显。它由许多细环组成，其中一些细环看起来是偏心的。大约在 A 环 80% 的位置，距离土星中心 133, 580 千米处，是 325 千米宽的基勒环缝。它的内部也有几个微弱的细环。我们在前面已经讨论了土卫一、土卫十五（与土卫一共振）、土卫十和土卫十一是如何以复杂的方式一起维持了光环明晰、锐利的外边沿的。

## F 环

F 环可能是最奇怪的土星环了。它距离土星中心的距离范围为 140, 210 千米至 140, 600 千米，宽度为 30 至 500 千米，轨道周期接近 15 小时。它又窄又暗，距离 A 环大约 3400 千米，几乎超出了土星的洛希极限。F 环有轻微的偏心，由许多相互缠绕的链组成。F 环薄薄的“辫状”纵向结构似乎与环绕它两侧的牧羊犬卫星有关，但产生这些不规则结构的机制仍不清楚。牧羊犬卫星也可能与在其他主环环缝的偏心细环有关系。回到图 1.5，从中可注意到两颗名为土卫十六和土卫十七暗的超小卫星，分别在 F 环两侧约 1000 千米的轨道上运行。尽管它们的尺寸很小（直径都不超过 150 千米），但对 F 环中颗粒的引力作用使 F 环保持着一个紧密压缩的薄结构。

## G 环

按照距离土星中心越来越远的顺序，下一个要介绍的土星光环结构是极其微弱的 G 环，从 165, 800 千米延伸到 173, 800 千米（宽 8000 千米）。G 环位于土卫一和共轨的土卫十和土卫十一之间（图 1.5），轨道周期约为 20 小时。这个微弱的薄环没有显现出内部结构。

## E 环

E 环的内半径距土星中心 18 万千米，它向外延伸到约 48 万千米（宽 30 万千米）的地方。它是目前已知的最后一个，也是最外层的光环结构。这个环结构分布如此广泛，以至于地球上的观测者有时沿着光环侧面就能够看到它。E 环的轨道周期从其内缘的 22 小时到其最外缘的 95 小时（3.96 天）。环的内部比外部稍微亮一点。E 环的这个更亮的区域刚好位于土卫二的轨道内。有人认为，土卫二上的流星侵蚀和火山爆发可能是 E 环中部分物质的来源。

## 1.6 土星的卫星

已知至少有 33 颗卫星伴随在土星的左右，它们组成一个庞大的家庭(最近土星附近的航天器又发现了大约 17 颗超小卫星)。巨大的土卫六占据了绝对的主导地位，它是太阳系中唯一一颗拥有浓密大气的卫星。土星几乎所有的卫星都含有相对较高比例的水冰(以及一些含碳杂质的混合物)。但是，这些奇异的世界之间存在着有趣的形态差异。土卫一有一个巨大的陨击坑，占据该卫星直径的近三分之一；土卫二表面的地形或光滑，或破碎，或陨击坑累累；土卫五有一个古老的、严重的陨击表面；土卫三和土卫四的直径几乎相同，但土卫三的密度较大；土卫七的形状像一片饼干，这种不规则形状是土星其他九颗较小卫星的特征；土卫八前导半球较暗淡，而后随半球比前导半球亮了近五倍；土卫九绕着土星向后运行(逆行)。一些超小卫星充当牧羊犬卫星，一些小卫星与较大的卫星共轨。表 1.4 列出了土星的卫星及每一颗卫星的重要数据。

表 1.4 列出的土星九颗经典卫星中有七个的轨道大致呈圆形，相对土星赤道面的倾斜角度约为 1.5 度(也与土星环系所在平面重合)。土卫八的轨道和土卫九的轨道明显是例外，它们相对土星赤道面分别倾斜 14.7 度和 174.8 度，并且土卫九绕着土星逆行。以下小节分别讨论土星卫星的一些重要特征。

表 1.4　土星卫星的基本数据

| 编号 | 土卫名称 | 大小（千米） | *a*（千米） | *i*(度) | e | 轨道周期（天） | 反照率 | 星等（$V_o$ 或R） | 表面物质 |
|---|---|---|---|---|---|---|---|---|---|
| 规则卫星 | | | | | | | | | |
| S18 | 土卫十八 | 20 | 133, 600 | 0.00 | 0.00 | 0.58 | 0.5 | 19.4 | 水冰 (?) |
| S15 | 土卫十五 | 32 | 137, 700 | 0.00 | 0.00 | 0.60 | 0.4 | 19.0 | 脏水冰 (?) |
| S16 | 土卫十六 | 100 | 139, 400 | 0.00 | 0.00 | 0.61 | 0.6 | 15.8 | 水冰 (?) |
| S17 | 土卫十七 | 84 | 141, 700 | 0.00 | 0.00 | 0.63 | 0.5 | 16.4 | 水冰 (?) |
| S11 | 土卫十一 | 119 | 151, 400 | 0.34 | 0.02 | 0.69 | 0.5 | 15.6 | 脏水冰 (?) |
| S10 | 土卫十 | 178 | 151, 500 | 0.17 | 0.01 | 0.70 | 0.6 | 14.4 | 脏水冰 (?) |
| S1 | 土卫一* | 397 | 185, 600 | 1.57 | 0.02 | 0.94 | 0.6 | 12.8 | 水冰 |
| S32 | 土卫三十二（S/2004 S1） | ~6 | 194, 000 | — | — | 1.01 | 0.06 | — | 水冰 (?) |
| S33 | 土卫三十三（S/2004 S2） | ~8 | 211, 000 | — | — | 1.14 | 0.06 | — | 水冰 (?) |
| S2 | 土卫二* | 499 | 238, 100 | 0.01 | 0.00 | 1.37 | 1.0 | 11.8 | 水冰 |
| S13 | 土卫十三 | 24 | 294, 700 | 1.16 | 0.00 | 1.89 | 1.0 | 18.5 | 脏水冰 |
| S3 | 土卫三* | 1,060 | 294, 700 | 0.17 | 0.00 | 1.89 | 0.8 | 10.2 | 水冰 |
| S14 | 土卫十四 | 19 | 294, 700 | 1.47 | 0.00 | 1.89 | 0.7 | 18.7 | 水冰 |
| S4 | 土卫四* | 1,118 | 377, 400 | 0.00 | 0.00 | 2.74 | 0.6 | 10.4 | 脏水冰 |
| S12 | 土卫十二 | 32 | 377, 400 | 0.21 | 0.00 | 2.74 | 0.6 | 18.4 | 脏水冰 |
| S5 | 土卫五* | 1,528 | 527, 100 | 0.33 | 0.00 | 4.52 | 0.6 | 9.6 | 脏水冰 |
| S6 | 土卫六* | 5,150 | $1.22\times10^6$ | 1.63 | 0.03 | 15.95 | 0.2 | 8.4 | 甲烷；氮大气 |
| S7 | 土卫七* | 350×200 | $1.46\times10^6$ | 0.57 | 0.02 | 21.28 | 0.3 | 14.4 | 脏水冰 |
| S8 | 土卫八* | 1,436 | $3.56\times10^6$ | 7.57 | 0.03 | 79.33 | 0.6 | 11.0 | 黑土；脏水冰 |
| 不规则卫星——顺行组 | | | | | | | | | |
| S24 | 土卫二十四（Kiviuq） | ~14 | $1.14\times10^7$ | 46.16 | 0.33 | 449.2 | 0.06 | 22.0R | 脏水冰 (?) |
| S22 | 土卫二十二（Ijiraq） | ~10 | $1.15\times10^7$ | 46.74 | 0.32 | 451.5 | 0.06 | 22.6R | 脏水冰 (?) |
| S20 | 土卫二十（Paaliaq） | ~19 | $1.52\times10^7$ | 45.13 | 0.36 | 686.9 | 0.06 | 21.3R | 脏水冰 (?) |
| S26 | 土卫二十六（Albiorix） | ~26 | $1.64\times10^7$ | 33.98 | 0.48 | 783.5 | 0.06 | 20.5R | 脏水冰 (?) |
| S28 | 土卫二十八（Erriapo） | ~9 | $1.76\times10^7$ | 34.45 | 0.47 | 871.9 | 0.06 | 23.0R | 脏水冰 (?) |
| S29 | 土卫二十九（Siarnaq） | ~32 | $1.82\times10^7$ | 45.56 | 0.30 | 893.1 | 0.06 | 20.1R | 脏水冰 (?) |
| S21 | 土卫二十一（Tarvos） | ~13 | $1.83\times10^7$ | 33.51 | 0.54 | 925.6 | 0.06 | 22.1R | 脏水冰 (?) |
| 不规则卫星——逆行组 | | | | | | | | | |
| S9 | 土卫九（Phoebe）* | 220 | $1.29\times10^7$ | 174.8 | 0.16 | 548.2 | 0.08 | 16.4 | 脏水冰 |
| S27 | 土卫二十七（Skadi） | ~6 | $1.56\times10^7$ | 152.7 | 0.27 | 728.9 | 0.06 | 23.6R | 脏水冰 (?) |
| S25 | 土卫二十五（Mundilfari） | ~6 | $1.87\times10^7$ | 167.5 | 0.21 | 951.4 | 0.06 | 23.8R | 脏水冰 (?) |

续表

| 编号 | 土卫名称 | 大小（千米） | a（千米） | i（度） | e | 轨道周期（天） | 反照率 | 星等（$V_o$或R） | 表面物质 |
|---|---|---|---|---|---|---|---|---|---|
| S31 | 土卫三十一（S/2003 S1） | ~7 | $1.87\times10^7$ | 134.6 | 0.35 | 956.2 | 0.06 | 24.0R | 脏水冰 (?) |
| S23 | 土卫二十三（Suttung） | ~6 | $1.95\times10^7$ | 175.8 | 0.11 | 1016.3 | 0.06 | 23.9R | 脏水冰 (?) |
| S30 | 土卫三十（Thrym） | ~6 | $2.04\times10^7$ | 175.8 | 0.47 | 1086.9 | 0.06 | 23.9R | 脏水冰 (?) |
| S19 | 土卫十九（Ymir） | ~16 | $2.31\times10^7$ | 173.1 | 0.33 | 1312.4 | 0.06 | 21.7R | 脏水冰 (?) |

*土星的经典卫星。

大小：卫星的直径（千米）。

*a*，平均半长轴（千米）。

*i*，平均倾角（o），*bg90°表示逆行轨道。

e，平均偏心率。

轨道周期：运行一周需要的时间，单位天。

反照率：可见光几何反照率（平均反射率）。

星等：$V_o$，平均冲时的星等；R，红星等（redmagnitude）。

## 土卫六

土卫六给人的印象很深，它是太阳系中唯一一颗被浓密的大气包裹的卫星。它的直径为 5150 千米，比水星（直径 4878 千米）还大，在行星的卫星中，它仅次于木星的卫星木卫三（直径 5268 千米）。土卫六呈红橙色，原因是甲烷在太阳紫外线照射下发生了化学反应，产生了复杂的碳氢化合物和聚合物，形成光化学“烟雾”。这种基于甲烷的气溶胶只占大气的 10% 左右。

航天器遥感技术揭露了这种光化学反应引起的薄雾层。它在土卫六表面数百公里以上，与星体呈现分离状，看起来像一个由发光物质组成的薄环，包围着整个卫星。

土卫六大气的主要成分是氮，占 90%~97%，还含有微量的氢、乙炔、乙烷、乙烯、氰化氢和一氧化碳。在阳光的照射下，较高的大气中可能发生着复杂的化学反应，生成“石化雨”。一些理论研究者指出，土卫六表面的部分区域覆盖着类似沥青的物质。地面附近的大气压比地球的高出50%或更多，而地表温度非常低，为93开尔文，并且从赤道到两极温度仅有 ±3开尔文左右的变化。理论模型预测出了甲烷雨或氮雨，但液态甲烷可能在到达地表之前就蒸发了。如果真的存在氮雨，就会在地表汇聚成池塘，也有可能存在液态甲烷湖，甚至乙烷湖。在土卫六极寒的环境中，甲烷或氮在那里所起的作用与地球上不同形态的水相同。航天器搭载对甲烷灵敏的滤光片对土卫六进行了近红外研究，结果表明土卫六表面上的纹路可能是流体冲刷的结果，这些流体可能是风、碳氢化合物液体或冰川之类的迁移冰盾。

可见光无法穿透笼罩着土卫六的甲烷浓雾，星球的表面被隐藏起来。但是9380埃波长的红外研究和路过的航天器遥感测量表明，该卫星拥有丰富的地貌特征。近来发现的一块区域最出名，它有“大陆体量”的特征，与低洼地形交织在一起，被称为上都。

2005年初，飞船传回了最新的土卫六表面图像，图像显示出诡异的橙色表面地形。这是由少量阳光穿过环绕卫星的红橙色大气烟雾导致的。15厘米大小的鹅卵石“石块”到处可见，它们的成分可能是水冰与各种冰冻的碳氢化合物的混合物。图像还显示地表升起的雾气。再加上看起来像海岸线一样的特征，很容易让人联想起宽阔的黑色海洋。这些“海洋”很有可能是潮湿的裸露地面，下面暗藏液态甲烷，亮度比理论研究者们想象的要暗一些。许多圆形岩石的底部有侵蚀的迹象，表明有河流存在。图片还揭示一个直径约440千米的巨大环形盆地，叫作大角斗场。还有长达200千米的河道，这些河道看起来似乎穿行在火山口的斜坡下面。考虑到土卫六极寒的表面环境，这些河道很可能是由流动的液态甲烷冲刷的结果。此外，在一些陨击坑周围还有一层明亮的喷出物覆盖层。飞船测量结果还表明土卫六表面的风速接近每小时 7 厘米。

土卫六的堆积密度为 1880 千克 / 立方米[①]，其内部很可能由硅酸盐岩芯和厚厚的水冰地幔组成。土卫六没有本征磁场，表明它内部可能不存在液体成分。

## 中型卫星：土卫一、土卫二、土卫三、土卫四、土卫五和土卫八

土卫一的直径为 397 千米，堆积密度为 1190 千克 / 立方米。它是最小的中型卫星，也是处于最内侧的一颗，它还是一颗同步绕转卫星（即始终保持同一面朝向土星）。它的表面布满了陨击坑，自形成起没有地壳运动和火山喷发的迹象。土卫一表面明亮，有水冰存在，其较低的密度同样说明内部有水冰成分。其最突出的表面特征——一个巨大的陨击坑，名为赫歇尔，直径 130 千米（约为土卫一直径的三分之一），有山壁，还有 5 至 6 千米高的中央山峰从地面升起。造成这么大陨击坑的撞击，几乎可以使卫星解体！土卫一上较小的陨击坑（直径约 2 至 20 千米）呈碗状，比伽利略卫星或月球上类似大小的陨击坑略深一点。除直径为 20 千米的陨击坑，中心山峰在其他陨击坑中很普遍，但很少有陨击坑的直径超过 50 千米。土卫一与土星光环贴近，与光环颗粒产生引力共振，促成了卡西尼环缝的形成和 A 环外边沿的锐化。

土卫二的直径为 499 千米，堆积密度为 1200 千克 / 立方米，

① 原文中提到土卫六的堆积密度为 1.880 千克 / 立方米，有误，故此处将译文修改。——编者注

其轨道紧邻土卫一，在其外侧运行。与邻居一样，它被重力锁定，同步绕转。由于它离土卫一最近，人们很容易会猜测这两个天体有相似的历史和形貌。但相反，它们却有着明显的差异。最显著的区别是，土卫二表面的陨击坑很少。虽然看不到真实的火山，还有有力的证据表明先前存在的陨击坑已被水“熔岩”流填平。在距离土卫二最近的 E 环中，薄冰颗粒浓度增多，这可能是这场剧变的间接证据。E 环是一个会被太阳风耗损的光环结构，这颗卫星上的火山活动会给它补充物质吗？土卫二有很高的反射率（它有太阳系中最强的反射表面），一些研究人员猜测，其表面可能广泛分布着一层纯水冰结晶层。在特定区域，有少数陨击坑出现，有的是直径约 10 千米的碗状疤痕，有的是有中央山峰的大坑，直径达到 30 千米左右。除此之外，表面还有地壳运动形成的断层、山脊等其他特征。土卫二内部活动很明显，原因仍然是个谜。因为潮汐力（tidal stress）不足以驱动水火山运动。引力共振可能足以引起小卫星的扭曲，产生足够的内部热量，融化地下的水冰，并将液体喷发到表面。这些喷发的液体立即转化为鲜亮的雪，飘落而下。

土卫三直径 1060 千米，堆积密度为 1300 千克 / 立方米。它和土卫一一样分布着大量尺寸均匀的小陨击坑。它有一个巨大的环形山——奥德赛，直径约 400 千米（约为土卫三直径的 40%）。按所在天体的比例来讲，奥德赛是太阳系中最大的环形山。从奥德赛绕到土卫三的另一面是伊萨卡峡谷，它从北极开始一直延伸，穿过赤道，抵达接近南极的地方。这是一个平均宽度为 100 千米、深度约为 5 千米的峡谷、沟壑，大约横跨这颗卫星 75% 的区域。奥德赛环形山的形成是否与伊萨卡峡谷的起源有关尚不清楚。土卫三的密度较低，意味着它含有大量的水冰，而一些平原的存在表明局部的表面重塑活动。与土卫一和土卫二一样，土卫三同样是一颗同步绕转卫星。

土卫四是继土卫三之后围绕土星旋转的一颗中型卫星，其直径为 1118 千米，堆积密度为 1400 千克 / 立方米。土卫四表面的亮度参差不齐,有些区域较亮,有些区域稍暗。尽管和土卫三一样，土卫四的许多地方同样分布着大量陨击坑，但是它上面还拥有一些平坦的平原区域，地形明亮、细长，可能是内应力撕裂了表面，引起的明亮、纯净的水熔岩隆起。土卫四陨击坑的直径在 30 千米左右，最大的几个（直径约 170 千米）有明显的中心山峰和谷底，谷底没有土卫三深。土卫四的堆积密度略高于土卫三，这颗卫星内部硅酸盐物质的含量要高于水冰。此外，土卫四内部分布着放射性元素，是一个内部热源。

土卫五是土星的第二大卫星，直径 1528 千米，堆积密度 1330 千克 / 立方米，表面为水冰，布满着密密麻麻的陨击坑，是另一个同步绕转卫星。土卫五上分布的陨击坑密度和月球高原地区的差不多，表明该卫星一生中很少有或没有火山活动改变其形貌。陨击坑的大小（从一边到另一边）接近 70 千米，其中许多较大的陨击坑有中心山峰。令人非常困惑的是，土卫五明亮、纤细的地形仅存在于后随半球。这看上去和土卫四的浅色纹路相仿，表明土卫五从前可能经历过一个时期，大量的水从地表以下释放出来，形成一层高度反射的霜层。模型模拟给出这样的观点：土卫五内部拥有等量的硅酸盐和水冰，在卫星的分化阶段，密度更大的岩石物质沉积到了星核。

最后一个中等大小的卫星是奇特的土卫八，它有截然不同的两个半球。它的直径为 1436 千米，堆积密度为 1200 千克 / 立方米。它绕土星运行的椭圆轨道倾角较大，有 14.7 度，它还始终保持同一面朝向土星，此外，前导半球比后随半球暗得多。土卫八表面布满了密密麻麻的陨击坑，它明亮的后随面（反照率为 0.5）被大量的水冰覆盖，而在黑暗的前导面（反照率为 0.02），水冰被黑色（含碳？）的土壤埋没。由于表面广泛分布着陨击坑，土卫八的亮区和暗区的边界清晰，但不规则。很有可能，前导面黑色的沉积物起源于土卫八自身，也有可能，流星从土卫九“喷砂”而来的黑色物质最终沉积到了土卫八的前导面上。卡西尼区是土卫八冰冷的表面上最显著的特征，那是一个一个黑暗的、布满陨击坑的区域，几乎占据了整个前导半球。卡西尼区的起源仍然不确定。许多理论学家认为，它的黑色物质可能从内部喷发到土卫八冰冷的表面，或者黑暗的地形可能是沉积的碎片，由土星较暗的外部卫星上的撞击事件喷射而来。除了卡西尼区外，一条壮观的山脊地形横穿土卫八，大致与卫星的赤道重合。这条长长的山脊可能是一条向上隆起的狭长山带，也可能是一条延绵的“裂缝”，物质从内部喷射到表面。这颗卫星内部的主要成分可能还是水冰。

## 较小的卫星

土卫七形状不规则，大小为 350 千米 ×200 千米，堆积密度为 1400 千克 / 立方米。这颗卫星长轴没有穿过土星，这和预期的不一样，在引力的长期作用下，它不应该如此。这表明它以前经历过各种撞击。土卫七沿着大偏心率轨道运动，其自转轴会不规律地摆动，因此，无法预测它在空中的朝向。土卫六和土卫七的 3 : 4 轨道共振可能是其自转轴无序摆动的原因。它表面有 10 到 120 千米大小不等的陨击坑以及明暗交替的区域。流星很有可能从土卫一侵蚀出物质（含碳？），并沉积在了土卫七上。土卫七上存在长达 300 千米的悬崖，有些高出其表面 30 千米。它内部含有大量的水冰，相对较高的密度表明其中混有硅酸盐材料。水冰也主导着土卫七的表面，到处还散落着深色沉积物，其成分可能含有碳。土卫七的表面因奇特的自转而变得均匀。此外，像潮汐被锁定的土卫八一样，土卫七的前导半球黑色物质沉积也较少。

小卫星土卫十三大小约为 34 千米 ×26 千米，土卫十四大小约为 34 千米 ×22 千米，它们与土卫三共轨道同步运行，分别在土卫三之前 60 度的 $L_4$ 拉格朗日点和之后 60 度的 $L_5$ 拉格朗日点上。土卫十二（约 36 千米 ×30 千米）位于土卫四轨道前方 60 度处。就太阳系动力学的三体问题而言，$L_4$ 和 $L_5$ 拉格朗日点是引力共同作用下小天体能够平衡的几何位置，它们在如太阳或大行星这类主吸引天体的前方 60 度和后方 60 度的位置（例如，特洛伊族小行星就位于巨大木星轨道的前、后 60 度的位置）。这些表面带有陨击坑的共轨卫星主要由混杂着黑色物质（含碳?）的水冰组成。前面我们已经看到，牧羊犬卫星土卫十七（约 110 千米 ×70 千米）和土卫十六（约 140 千米 ×80 千米）是如何将光环颗粒守护在 F 环的范围内的。我们还看到它们在土卫十五（约 50 千米 ×20 千米）的协助下锐化了 A 环的外边界。微小的土卫十八（直径约 20 千米）在土星最内层，位于恩克复合体内是造成其环缝的存在的部分原因。这 6 颗牧羊犬卫星的成分和表面特性与土星的共轨卫星相同。最近，在土卫一和土卫二之间发现了两颗小卫星——土卫三十二和土卫三十三，有关它们的报道还不多（见表 1.4）。两者的直径都为 6 千米左右，其成分很可能是含碳质粉尘的水冰。

## 不规则卫星

土星大约还有 14 颗形状不规则的小卫星。有时，这些天体被简称为不规则物体。它们以大椭圆轨道围绕土星运行，有时轨道相对于土星的赤道面有很大的倾斜。木星也有这样的不规则卫星跟随。

土星的不规则卫星可分为顺行卫星和逆行卫星。它们主要由含黑色碳物质的水冰组成。顺行卫星有 7 颗，与土星相距甚远，受它的约束也较弱。它们可能起源于一个较大天体，当它靠近时发生碰撞，并碎裂成小卫星。也有可能是母星与土星的一场偶遇，并惨遭撕裂。撕裂后的部分碎片最终稳定在与土星赤道面大约呈 33 至 47 度的轨道上（见表 1.4）。

在表 1.4 中，7 个逆行卫星的轨道倾角在 153 至 176 度之间，它们与其中最大的一个——土卫九（轨道倾斜超过 90 度，它围绕土星逆行运行）更接近。和顺行的不规则卫星一样，逆行卫星也是由含黑碳物质的水冰组成。这意味着，这些超小卫星是土卫九被撞击后遗存的小碎片。这需要进一步的动力学研究证实。直径 220 千米的土卫九是土星主要的最外层卫星，它以 174.8 度的轨道倾角围绕土星逆行运行。它还是逆行不规则卫星中最内层的一个。它也可能只是土星捕获的一大块“星子”（interplanetary debris，小行星或烧毁的彗星？），而不是土生土长的卫星。土卫九的形状大致呈球形，自转周期约为 10 小时，表面暗淡，由含碳杂质的水冰组成。飞掠土卫九的航天器曾拍摄到，它的表面布满了大大小小的陨击坑，还有明暗交替的层状沉积物。

# 第二章

# 望远镜和配件

天文学家目前使用的光学望远镜分为三类，分别是折射式望远镜、反射式望远镜和折反式望远镜。每一类望远镜又有多种不同的设计。折射式望远镜成像的光路由透镜和二片式消色差透镜或三片复消色差透镜组成（图 2.1a）。反射式望远镜分为牛顿望远镜（图 2.1b）和卡塞格伦望远镜（图 2.1c）两种。它们采用主镜和副镜进行成像。折反式望远镜是一种复合光学系统，它将透镜和反射镜结合在一起成像，有施密特 - 卡塞格伦望远镜（图 2.1d）和马克苏托夫 - 卡塞格伦望远镜（图 2.1e）。本章描述了这些设备的主要特点，特别关注它们在观测土星时的适合程度。本章还讨论了行星观测者经常使用的目镜，以及一些用于提高望远镜性能的基础配件。我们不打算对专业的望远镜设计知识和光学理论做详细介绍，它们超出了本书的范围。

## 2.1 折射式望远镜

折射式望远镜设计简单、性能可靠、极少需要维护，一直以来都是月球和行星观测者的首选（图 2.2）。在折射式望远镜的光路中，光从物镜到目镜畅通无阻地传播，因此，它通光孔中呈现的图像有最佳的亮度和最高的衬度。在相同孔径的情况下，比起反射式望远镜和折反式望远镜，折射式望远镜可以实现更大的倍率。因为折射式望远镜的光学元件少于其他望远镜，所以它能够

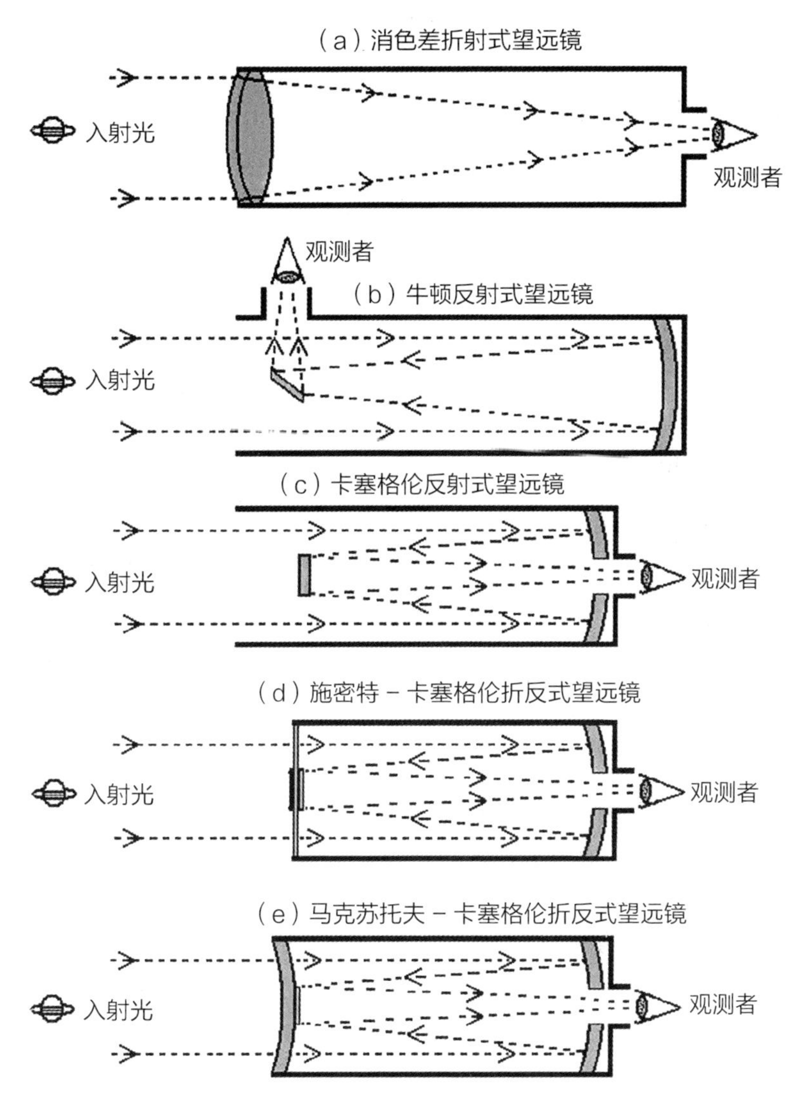


图 2.1　天文望远镜的多种设计：（a）消色差折射式望远镜，（b）牛顿反射式望远镜，（c）卡塞格伦反射式望远镜，（d）施密特－卡塞格伦折反式望远镜，（e）马克苏托夫－卡塞格伦折反式望远镜。

图 2.2　固定在赤道式装置上的一款现代 12.0 厘米消色差折射式望远镜。高质量的折射式望远镜所成的图像清晰、衬度高，是观测行星的完美设备。

快速地适应观测环境的温度，缩短观测前的准备时间。大多数折射式望远镜的镜头表面都涂有一层薄薄的抗反射氟化镁，来进一步提高透光性能，一些现代透镜甚至还涂有多层优质涂层。此外，折射式望远镜一旦在出厂前设置好光学对准，之后无论用多久，几乎都不需要再做任何调整。折射式望远镜封闭的光学系统屏蔽了镜筒电流（tube currents）的影响，这些电流经常给反射式望远镜带来不少麻烦。整个系统只有物镜的前表面暴露在环境中，需要清理附着的灰尘和水渍。大多数折射式望远镜都配有露罩，但是为了保证效果，它必须附在物镜前端一定距离之外。

虽然折射式望远镜的维修成本很低，但是其购买费用却随着孔径的增大呈指数上涨。它的成本是相同孔径牛顿反射式望远镜或施密特－卡塞格伦反射式望远镜的四倍，也都不稀奇。相较相同孔径的其他望远镜，一个尺寸可观的折射式望远镜需要更牢固的支架装置。因此，便携性也随孔径的增加而迅速降低。便携性降低的另一个原因是，用于行星观测的折射式望远镜一般都具有长焦距，焦比在 f/12 到 f/15 之间。例如，焦比为 f/15 的 15.2 厘米孔径的折射式望远镜就有一个近 2.44 米长的光学镜筒！

消色差折射式望远镜的物镜由冕火石光学玻璃组成，玻璃之间由空气隔层隔开，所有的空气—玻璃表面都涂有一层薄薄的氟化镁。消色差透镜在一定程度上受纵色像差的影响，表现为围绕在极其明亮的物体周围的蓝色到紫色光晕。随着望远镜孔径的增大和焦比的缩短，这种次级光谱变得更加令人讨厌。因此，为了减少杂散色，f/12 到 f/15 的长焦比多年来一直是消色差折射镜的标准。尽管消色差折射望远镜今天仍继续采用长焦距形式，但是制造商为了最大限度地提高便携性，越来越多地采用 f/6 到 f/9 焦比的设计。孔径 15.2 厘米、焦比 f/8 的消色差折射望远镜的图像确实会出现蓝色的假彩色（false color）。但是，色差实际上没有所说的那样令人不可忍受。幸运的是，消色差折射式望远镜，尤其是那些焦距较短的折射式望远镜，可以通过选择性陷波滤光片抑制多余的紫色色调，来提高性能。

复消色差折射望远镜的物镜一般由三个光学元件组成，它们由空气隔层隔开，其中至少有一个是由超低色散（ED）玻璃或萤石制成。复消色差望远镜消除了消色差双合透镜的多余色差，并且所有透镜的表面都涂有具有高透射率的多层涂层，来优化图像亮度和衬度。望远镜公司现在推出更大、更轻便、焦距更短的复消色差折射望远镜，并且不用担心假彩色的产生，但是它们的价格远远高出同孔径的消色差望远镜，尤其是那些使用萤石物镜的望远镜。毫无疑问，复消色差技术可以成无像差的图像，展现华美的行星细节，但是，增加的三个或多个光学元件会引起严重的光损失。尽管如此，细致的观测者对复消色差折射望远镜的需求不减，他们不惜重金购买。

## 2.2 牛顿反射式望远镜和卡塞格伦反射式望远镜

一般来说，用于观测行星的反射式望远镜要么是牛顿光学系统，要么是卡塞格伦光学系统。只要制作标准高，这类望远镜的性能都会非常出色。牛顿望远镜是最简单的反射式望远镜，深受天文爱好者和望远镜制造商的青睐。牛顿反射式望远镜后部支撑起一面抛物面主镜，用来收集入射光，收集的光线聚焦到一面正对放置的平面椭圆副镜上，该副镜与光路成45度夹角，随后，光线被引导到位于望远镜镜筒侧面(与光轴成90度角)的目镜中。

相反，卡塞格伦反射式望远镜在主光轴上有一个稍微凸起的副镜，该副镜通过主镜中心的一个小孔将光线反射到紧靠其后的目镜中。主镜和副镜的制作材质通常是玻璃，如派莱克斯耐高温玻璃（Pyrex），其前光学表面涂有高反射铝层或特种增强涂层。用于制造优质牛顿望远镜和卡塞格伦望远镜的其他基材还包括超低膨胀系数材料，如微晶玻璃（Zerodur），在某些极端情况下甚至还会用到石英，这些基材能够维持主镜形状稳定（以便保持图像质量），使其不随观测温度的变化而变化。

用于观测行星的牛顿反射式望远镜比长焦距折射式望远镜要紧凑得多，它的焦比设定在f/6和f/9之间。例如，一款15.2厘米孔径、f/8焦比的牛顿望远镜相当轻便，相比之下，相同孔径的f/15折射式望远镜则需要安装半固定的支架装置。然而，随着孔径的增大，牛顿反射式望远镜的重量和体积也会增大。一旦孔径超过24.5厘米，其运输就会成问题。卡塞格伦反射式望远镜就相对方便些，它的焦比通常在 f/10 到 f/15 之间，镜筒相对于孔径的长度就会短很多。此外，牛顿反射式望远镜和卡塞格伦反射式望远镜的保养和维护要比折射式望远镜烦琐一些，需要定期检查和调整，以保证光学对准和最佳的光学性能，特别是在经常被携带的情况下。现在有了便宜的激光准直仪（laser collimating devices），反射式望远镜的对焦复位已变得非常简单。

牛顿反射式望远镜和卡塞格伦反射式望远镜有一端镜筒敞开，其光学元件易受气流、露水、灰尘和各种大气污染物的影响。使用者有时候还会在主镜后面安装一个小排气扇，用来防止镜筒电流的产生，这也有助于防止主镜面上形成露珠。此外，敞开的镜筒还可以促进望远镜与环境达到热平衡，其速度比折反射式望远镜快，但不如折射式望远镜。

经典的牛顿望远镜和卡塞格伦望远镜是一种遮拦光学系统。它们的副镜会导致光损失，降低图像亮度。光路中的此类遮挡在分辨细小的低衬度行星细节时，会造成不利影响。当副镜阻挡了主镜 20% 以上的区域时，情况更加糟糕。然而，卡塞格伦望远镜光路的遮拦部分占比已非常接近 25%。焦比为 f/8 的牛顿望远镜，副镜只阻挡了 15% 的光线，能够支撑全明视野，其副镜的光损失率比起主镜的光收集率来说小很多。因此，在观测行星时牛顿望远镜往往比卡塞格伦望远镜好。在光学元件干净并且正确对准的情况下，它完全能够出色地完成行星观测任务。高质量的牛顿反射式望远镜功能非常强大，数十年来都是严肃的行星观测者所青睐的工具。

## 2.3 折反式望远镜：施密特－卡塞格伦望远镜和马克苏托夫－卡塞格伦望远镜

施密特－卡塞格伦望远镜和马克苏托夫－卡塞格伦望远镜是混合型的折反式望远镜，它们通过组合透镜和反射镜来折叠光路并产生图像。施密特－卡塞格伦望远镜成像的过程是：首先光通过透明的非球面校正片（透镜）到达球面主反射镜，然后球面主反射镜将光反射回附着在校正片中心的副反射镜上，最后，这片小小的副反射镜将光线通过主反射镜的中心孔传给后面的目镜。需要指出的是，施密特－卡塞格伦望远镜的主反射镜是球面而不是抛物面，因此，需要使用校正片来消除或“校正”球差。

马克苏托夫－卡塞格伦望远镜的光学元件与施密特－卡塞格伦望远镜的类似。它使用球面主反射镜和球面凹凸透镜成像，其中凹凸透镜代替了施密特－卡塞格伦望远镜中的非球面校正片。由于马克苏托夫－卡塞格伦望远镜的主反射镜和凹凸透镜都是球形的，都有球差，制造商需要仔细匹配这两个元件，来消除光学异常。因为凹凸透镜有一定的厚度，与相同孔径的施密特－卡塞格伦望远镜相比，马克苏托夫－卡塞格伦望远镜的光学系统更重，并且需要更长的时间实现“冷却”或达到热稳定。

折反射式望远镜与牛顿望远镜一样，利用派莱克斯耐高温玻璃或低膨胀系数基材（如微晶玻璃）来减少温度波动导致的主镜形变。施密特－卡塞格伦望远镜和马克苏托夫－卡塞格伦望远镜的光学系统也都是封闭的，都能屏蔽管电流，并且只有一个光学表面暴露于灰尘和露水中。但与折射式望远镜不同的是，施密

特 – 卡塞格伦望远镜和马克苏托夫 – 卡塞格伦望远镜通常不配备露罩。因此，使用过程中需要有效的露水防护措施，防止校正片或凸凹透镜的前表面快速结露。用于行星观测的施密特 – 卡塞格伦望远镜的焦比通常在 f/10 左右，而马克苏托夫 – 卡塞格伦望远镜的焦比大多为 f/13，或更大。它的副反射镜或“斑点”是直接真空沉积在凹凸透镜上的，而施密特 – 卡塞格伦望远镜的副反射镜则是机械地连接在校正片的中心。因此，马克苏托夫 – 卡塞格伦望远镜相比施密特 – 卡塞格伦望远镜的光路更稳定，较少偏离光学对准。调节施密特 – 卡塞格伦望远镜光学元件的过程既烦琐又考验人的耐心，但光学对准一旦完成通常就会保持不变，除非望远镜遭受了粗暴的对待。

施密特 – 卡塞格伦望远镜和马克苏托夫 – 卡塞格伦望远镜的折叠光路使其变得非常紧凑且便于运输。与折射式望远镜和牛顿望远镜相比，这一点更加突出。它们将折射式望远镜和反射式望远镜的各自优点整合到一个光学系统中，而且其配件比其他类型的望远镜都多，特别是用于摄影和 CCD 成像的配件，因此，施密特 – 卡塞格伦望远镜时常被称为通用望远镜。许多观测者都认为，将 25.4 厘米孔径的施密特 – 卡塞格伦望远镜移入和移出远程观测站点并不难，并且它还可以安装在小型车辆上。大型施密特 – 卡塞格伦望远镜相比相同孔径的折射式望远镜或马克苏托夫 – 卡塞格伦望远镜，价格合理。然而，具有类似性能的牛顿望远镜要更便宜一些。

施密特 – 卡塞格伦望远镜和马克苏托夫 – 卡塞格伦望远镜副反射镜的直径是其主反射镜直径的 28% 至 34%，它们的光学系统是遮拦式的。因此，图像的衬度和亮度不可避免地会降低。为了部分解决这一问题，顶尖的施密特 – 卡塞格伦望远镜和马克苏

托夫 - 卡塞格伦望远镜制造商在光学元件中采用特殊的增强涂层或“宽带”涂层，以提高透镜的透光率并优化反射镜面的反射率。此外，这两种设计都有一套节约光的规定，来提高图像的衬度和减少内部反射。

## 2.4 望远镜支架装置

无论观测者选择哪种类型的望远镜，它都必须有足够稳固的支架，用以支撑起光学系统、镜筒及所有配件的重量，从而构成一个平衡性能良好的装置。装置必须大而重、牢固，在微风吹动时或转动聚焦旋钮时不发生振动。一旦天体在望远镜目镜中被锁定，理想的装置无须调节便可以跟踪夜空中移动的天体。

虽然市场上有多种类型的支架装置，但在重要的天文观测中，望远镜通常配备赤道式装置。赤道式装置有两个相互垂直的转轴，一个叫作极轴，也叫赤经轴，它必须校准至与地球自转轴平行，指向北极星（针对北半球观测者）；另一个是赤纬轴，它与极轴垂直，与地球的赤纬面平行。当地球自西向东运转时，只要慢慢转动极轴，便可以使望远镜跟踪天体并让其保持在视野中。若支架装置安装有电动转仪钟，这项任务将变得非常简单。赤道式装置一般在每个轴上都配备手动或电子慢动控制器，用于对赤经轴（东西向运动）和赤纬轴（南北向运动）进行微调。需要指出的是，恒星的赤纬方向在天球上保持不变，所以只要慢慢转动极轴，便可以在目镜中跟踪天体。遗憾的是，赤道式装置无法精确地沿赤纬方向追踪太阳系天体，因为行星与恒星不同，会在黄道平面内移动，从而改变其赤纬面。因此，该装置在赤经平面中跟踪一颗行星的同时，需要调整赤纬微调旋钮，以便让行星保持在视野中。高级赤道式装置在每个轴上都配备了定位度盘，使设备可以使用赤经和赤纬坐标来寻找暗天体。当观测的目标主要是像土星一样的明亮行星时，几乎用不到这些。

近十年来，计算机控制的望远镜装置（有时被称为“go-to”装置）迅速发展起来，省去了在寻找暗天体时操作定位度盘的麻烦。此类望远镜装置（甚至地平式装置）的两轴上安装有光学编码器，它们输出望远镜指向的数字信息。电脑预编程手控器允许观测者“拨号”无数天体的坐标，望远镜将自动找到或“转到”所需的天体。一些高度复杂的计算机支架甚至可以获取精准的全球定位系统（GPS）坐标，自动确定方向，然后操作望远镜指向数据库中约 15 万个天体中的任何一个。对于那些观测深空暗天体，或者暗淡的太阳系天体（如天王星、海王星、冥王星、彗星和小行星）的观测者，想要有一个简便的观测方法，花大价钱安装“go-to”装置是值得的。相比,观测像土星这样明亮的天体时，与其花很多钱去安装智控装置，不如把这些钱用于改善望远镜孔径，因为定位土星这样明亮的行星并不难。

赤道式装置有多种类型，最常见的是德国赤道式装置和福克赤道式装置。在德国赤道式装置（图 2.3）中，赤纬轴位于赤经轴的下面，赤经轴安装在三脚架顶部，允许与天极正确对齐（有时在极轴内安装一个小型折射式望远镜，便于精准定位）。德国赤道式装置一般会增长三脚架腿，或增高立柱脚架，把望远镜提升到便于观测的高度。此外，还需要在正对光学管组件的赤纬轴末端增加配重，以精确平衡望远镜的重量。只要质量和尺寸与望远镜相匹配，一个制作精良的德国赤道式装置就会表现出卓越的性能。并且大多数观测者都认可，大尺寸的装置优于刚刚能达到稳定效果的支架装置。大多数商用折射式望远镜、牛顿折射式望远镜和卡塞格伦折射式望远镜都配备有德国赤道式装置，少数折反式望远镜也使用它们。

图 2.3　一个坚固的传统德国赤道式装置与原野三脚架（field tripod），配有慢动控制和电池供电的时钟驱动器。该装置上面安装了作者的一款高度便携的 12.7 厘米孔径、焦比 f/13 的马克苏托夫 – 卡塞格伦望远镜。

大多数商用施密特 – 卡塞格伦望远镜和马克苏托夫 – 卡塞格伦望远镜通常都采用福克赤道式装置，它们易于使用，能配合短镜筒的折反式望远镜高效工作。光学管组件的两侧有刚性支撑臂，构成一个叉形结构，叉形结构连接到一个在赤经方向上旋转的平台上。望远镜的平衡发生在两个叉臂之间的赤纬中。虽然这类装置比德国赤道式装置更紧凑，但它们需要在三脚架或立柱脚架顶部安装一个可调式尖劈，以实现精确的极轴对准。

## 2.5 配　件

### 天顶镜、目镜和巴洛镜

望远镜所成图像通常倒置并左右反转，在目镜的视场中（对于北半球的观测者而言），就天空的方位来说，顶部为南，左侧为西。前面我们已提到，在描述土星上的现象时，所采用的东、西方向必须与行星上的真实方向一致，这些方向依据国际天文学联合会规定，与正常的天空方向恰好相反。在使用折射式望远镜、卡塞格伦望远镜和折反式望远镜进行观测时，目镜的位置可能离地面很近，这样不利于观测。天顶镜（图 2.4）采用反射镜或棱

图 2.4　棱镜或反射镜天顶镜能让观测较为舒适，但它们降低了成像的亮度并改变了视场的方向。

镜将图像成在与主光轴成直角的方向，这样目镜就可以安放在有利于观测的位置上了。虽然天顶镜增加了观测的舒适度，但是它们同时也上下反转了图像（北方位于视场顶部），颠倒了目镜的正常视场，在描述天空方向或在给行星图像设置参考点时，极易产生混淆。因此，使用此类配件的人在记录和参考观测笔记中的方向时，必须加倍小心。无论天顶镜的光学质量有多么的好，都会引入内部反射，降低图像亮度。出于这些原因，强烈建议观测时牺牲一点舒适度，尽可能避免使用天顶镜。

目镜用来放大物镜或主镜所成图像，是望远镜整个光学系统的重要部件。它们的品质应该同样的好，其表面也应涂覆抗反射涂层（或多层涂层）。少量高质量的目镜（图 2.5）肯定比大量劣

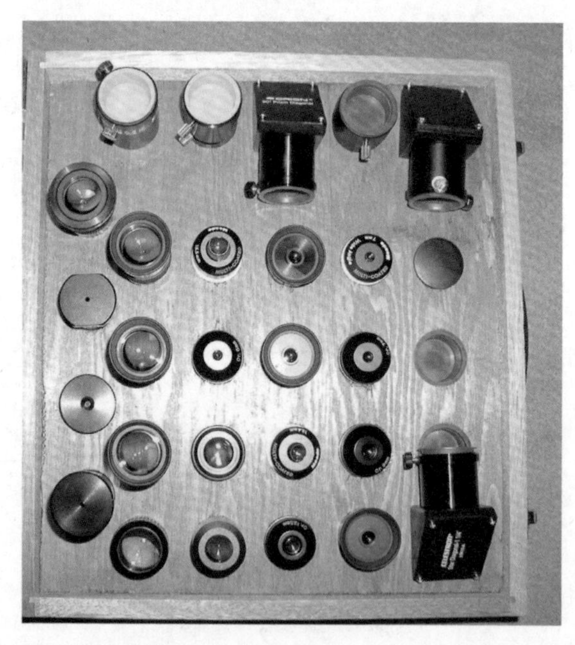

图 2.5 自制的防尘木箱和放置于其中的大量目镜。这些收集的目镜用于行星观测。观测者应避免使用内衬为泡沫的盒子来放置目镜，因为泡沫会随着时间而老化，并有可能损坏目镜和配件。

质或不常用的目镜更可取。但是在观测行星时，最精密或最昂贵的目镜不一定是最佳选择。它还应该与主光学系统完全兼容。因为一些在 f/12 或 f/15 设备上表现出色的目镜，在短焦望远镜上可能就不一定那么好了。因此，在望远镜主体上尝试各种目镜是很有益的。

目前，大多数目镜的外筒直径为 3.18 厘米或 5.08 厘米，它们都有内螺纹，用于安装滤光片。市场上多数望远镜配备转接器，可以在聚焦过程中转换两种尺寸的目镜。并且，如今市场上的目镜种类繁多，焦距一般在 4 到 50 毫米之间。

望远镜的放大率 $M$ 由以下公式给出：

$$M=\frac{F}{f} \tag{2.1}$$

其中 $F$ 是望远镜的焦距，$f$ 是目镜的焦距（$F$ 和 $f$ 的单位是毫米）。根据等式 2.1，我们可以算出，给 1000 毫米焦距的望远镜配备的 20 毫米的目镜将产生 50 倍的放大率，如下所示：

$$M=\frac{1000}{20}=50\times$$

请注意，目镜的焦距越短，放大的效果越好。另外，在望远镜更换不同焦距的目镜后，必须重新调焦。若目镜是从同一个供应商那里成套购买的，它们就有可能是齐焦的；也就是说，这套目镜镜筒的设计使得更换目镜时不需要重新调焦，这给在高放大率下切换目镜带来了很大的便利。

目镜的可见视场（视场角）是仅通过它能看到的视场角宽度，由它的透镜决定。和焦距一样，可见视场也是目镜规格中的一个参数。用于行星观测的目镜的可见视场范围一般在60到45度之间。一组目镜的可见视场一般都相同，但焦距不同。根据等式2.2，任何目镜的真实视场 $\theta$ 可以通过可见视场 $\alpha$ 除以放大率 $M$ 来确定

$$\theta=\frac{\alpha}{M} \qquad (2.2)$$

其中 $\theta$ 和 $\alpha$ 均以度表示。因此，若目镜具有50度的可见视场和25倍的放大率，其真实视场为

$$\theta=\frac{50}{25}=2\text{度}$$

任何目镜的真实视场都与放大率成反比。因此，当观测者使用更高的放大率（目镜焦距更短）时，真实视场将缩小；若降低放大率（目镜焦距较长），真实视场将扩大。

适瞳距是当观测者能看到整个真实视场时，眼睛距离目镜顶部透镜（目透镜）表面的最大距离，一般用毫米表示。长焦距目镜的适瞳距较大，而短焦距目镜的适瞳距限制性更强，特别是对于戴眼镜的观测者。目前，许多供应商为目镜配备了橡胶眼罩，它们既舒适又能防止人工照明带来的外来光线的干扰。

从目镜射出的光锥的直径是出射光瞳 $d$，由等式2.3计算，

$$d=\frac{D}{M} \qquad (2.3)$$

其中D是物镜的孔径，单位为厘米，M是放大率。根据等式2.3，放大率为100倍的20.3厘米孔径的望远镜的出射光瞳是2毫米，

如下所示：

$$d=\frac{20.3}{100}=0.2\text{厘米或}2\text{毫米}$$

若出射光瞳大于观测者眼睛的瞳孔直径，那么有些从目镜发出的光线就不能到达眼睛的视网膜，也就不能完全发挥望远镜的集光能力。人眼能够随明暗自动调节，其瞳孔直径因个体而异，并随年龄增长略有减少，但它最大只能达到 7 毫米。实际上，在观测像土星这样相当明亮的行星时，瞳孔直径一般会缩小到 5 毫米左右。因此，根据等式 2.4，若想全部利用望远镜收集的光线，它的最小理论放大率 $M_{min}$ 为

$$M_{max}=\frac{D}{d_{max}} \tag{2.4}$$

其中，$D$ 和 $d_{max}$（最大瞳孔直径）均以厘米表示。观测土星时，眼睛的最大瞳孔直径是 5 毫米，我们通过等式 2.4 可以算出

$$M_{max}=\frac{D}{0.5}=2D$$

这基本上是观察土星最低的有效放大率了。例如，对于一个 20.3 厘米孔径的望远镜，最小可用放大率为

$$M_{max}=\frac{20.3}{0.5}=40.6\text{或}41\times$$

当然，对行星这样的扩展星体目标（extended objects）进行观测时，观测者的目的是获取最佳的图像大小和亮度，因此，很

少使用接近此下限的观测能力。但是在选择低倍率目镜时，这是一个很好的理论参数。

正如有一个理论上的最小放大率一样，给定孔径也有一个放大率上限。出射光瞳随着放大率的增加而减小，一旦出瞳直径达到 0.75 毫米，对视力的进行性损害（progressive impairment）会迅速增加。这给望远镜的放大率设定了上限，该值与天气条件和极短焦距目镜使用时的其他不利因素都无关。理论的最大放大率极限 $M_{max}$ 为

$$M_{max}=\frac{D}{d_{min}} \tag{2.5}$$

其中 D 和 $d_{min}$（最小瞳孔直径）均以厘米表示。当出射光瞳的最小可接受直径是 0.75 毫米时，等式 2.5 给出

$$M_{max}=\frac{D}{0.075}=13D$$

结果接近望远镜为避免视力受损给定的最大放大率。对于 20.3 厘米孔径的望远镜，该放大率上限约为

$$M_{max}=\frac{20.3}{0.075}=270.7\text{或}270\times$$

请注意，这里的最小和最大放大率理论极限不是绝对的，还有其他几个因素会对其产生影响。大量实验表明，在观测像行星这样的扩展星体目标时，图像亮度、衬度和分辨率的最佳组合对于观测精细细节非常关键，最大放大率在 25$D$ 附近，可能更接近实际情况。但是观测者应该知道，追求高倍率除了降低图像亮度外，还会放大较差的视宁度，缩小视场，增大转动望远镜聚焦

旋钮时引起的机架振动。

用于行星观测的常用目镜的类型有：凯尔纳目镜、无畸变目镜和普洛目镜（图 2.6）。凯尔纳目镜由三个光学元件组成，分别是单眼透镜（single eye lens）、消色差透镜和视场透镜。几十年来，凯尔纳目镜在焦比超过 f/8 的望远镜上一直表现得很出色，它能够生成清晰、平坦的视场，是昂贵目镜的最佳替代品。凯尔纳目镜的透镜数量少，能够生成散射光少、无幻象效应的高衬度图像，尤其是当它的所有透镜表面都涂有抗反射涂层时。凯尔纳目镜的可见视场平均约为 50 度，其适瞳距随着焦距的减小而减小，因此，它们更适合中低放大率的望远镜。通常，凯尔纳目镜焦距范围为 15 至 25 毫米。

无畸变目镜由四个光学元件组成：一个单眼透镜和一个三片视场透镜组。这些光学元件一般都涂有多层涂层，以消除内部反射。它们有合适的适瞳距，与其他两个类型的目镜相比，其视野最窄（约 45 度），却提供了最清晰的行星图像。它们与长焦望远镜配合使用时效果最好，是 4 至 12.5 毫米焦距高放大率望远镜的常用目镜。

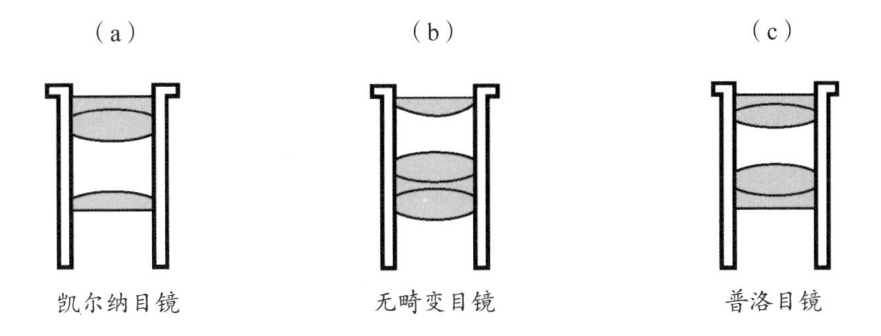


图 2.6　经常用于行星观测的目镜的类型：（a）凯尔纳目镜，（b）无畸变目镜，（c）普洛目镜。

普洛目镜的图像衬度高，又清晰无比，它展现出接近55度的可见视场，并有很好的适瞳距。这些优点使它声名大增。它们有四个多涂层元件，对称双片设计，其光学像差最小。普洛目镜非常适合短焦和长焦望远镜，能够很好地观测几乎所有天体，尤其是行星。普洛目镜的焦距通常在6~40毫米的范围内。优质配件供应商有时会提供成套齐焦普洛目镜组。

观测者一般都会收集各种焦距的目镜，来实现望远镜大范围的放大率。采用最短焦距的目镜进行观测，例如，4~7毫米，常受制于大气环境，因此，中等焦距目镜的使用频率最高。短焦距

图2.7　几个消色差巴洛镜，其放大率在2和3之间。它们很容易就能扩展一组目镜的放大率的范围。

目镜的适瞳距也较差，有些设计中，目镜尺寸又太小，往往让观测者厌烦。

巴洛镜是另一款配件，容易上手，性价比很高，拥有多个涂层和高品质消色差特性（图 2.7）。在给定一组目镜的情况下，它可以自动增强观测能力。当把巴洛镜插入物镜之间或反射镜与目镜之间时，它便整合到望远镜聚焦系统中，将基本的放大率提升 2 倍、2.5 倍或 3 倍。巴洛镜能够增强任何目镜的放大能力，但最大的优点是增强了长焦目镜的放大功能。由于长焦距目镜比短焦距目镜的适瞳距更大，因此，加入巴洛镜后，观测的舒适度得到了提升，尤其是对于那些必须戴眼镜进行观测的人。巴洛镜几乎是焦比为 f/8 或更低的望远镜的必配配件，因为即便是短焦距目镜也无法单独产生足够高的放大率。

## 寻星镜和反射式瞄准镜

寻星镜（图 2.8）是相对较小的低功耗消色差折射式望远镜。它们与主光学系统平行并精准对准，视场较宽，具有快速定位天体的功能。它们的孔径通常在 3.0 至 7.5 厘米的范围，带有 6 至 20 倍放大的十字目镜，帮助精准瞄准天体。寻星镜的质量要足够好，能够在整个视场中呈现精确的图像，这样才能起到应有的作用。它们应有与主望远镜一致的视场方向；也就是说，当主望远镜（没有配备天顶棱镜）成倒置、反转视图时，寻星镜也应该如此。

有些设备商还提供电池供电的反射式瞄准器，用来辅助甚至替代传统的寻星镜。它们采用发光二极管（LED）将一个小红点或同心环形（亮度可调、聚焦到远处）投射到透明的光学玻璃窗口上，以确定主望远镜的指向。这些设备非常好用。一旦反射式瞄准镜与主光学系统对准，只需按望远镜的慢动键，将悬浮在天空中的红点或同心环对准天空中等待观测的天体上，目标就会出现在望远镜目镜的视野中心。

图 2.8　与主设备光轴对准的 6 倍、30 毫米小型寻星镜，能够将像土星这样的明亮行星居中到望远镜视场中心。

## 滤光片和偏振镜

每一个行星观测者都应该配备一套波长确定的滤光片（图 2.9）。滤光片能够显著增强观测者对行星细节的视觉感知，特别是那些在集成光（无滤光片）中无法检测到的特征。它们还能有效地减少光的强度，使相邻明暗区域的边界更容易区分。行星表面和行星大气会吸收或反射特定波长的光，因此，了解所研究物体的吸收和反射特性非常重要，能够帮助使用者正确选择和使用滤光片。滤光片透过其主导色，并阻挡其互补色。例如，橙色或微红色的土星大气特征在蓝色或绿色滤光片中会显得很暗，而在红色滤光片中看起来会很亮。同样，蓝色滤光片中的蓝色特征会很明亮，而红色滤光片中的蓝色特征将会很暗。

用于行星观测的高质量滤光片通常由还原染料光学玻璃（vat-dyed optical glass）制成，其表面涂有抗反射涂层，以最大限度地提高光的透过率，并消除降低图像质量的像差。理想情况下，彩色滤光片应安装在两端带螺纹的镜筒中，以便将其拧入直径为 3.18 厘米和 5.08 厘米的标准目镜筒上，同时也能够进行滤光片的“堆叠”，并实现多波长的叠加效果。

最容易获得的滤光片是伊士曼柯达公司的雷登（Eastman-Kodak Wratten）系列滤光片，它基于行业标准制造，每个滤光片都有一个数字标志表示其颜色。雷登滤光片之所以受欢迎，还因为它们具有明确的透射波长，这是进行可靠的目视比色测量相关工作所必不可少的，本书稍后会对此进行讨论。虽然滤光片可以单独购买，但是整盒购买滤光片组更方便，也更实惠。整盒成套的滤光片包括整个可见光谱范围内的雷登颜色。

滤光片能非常有效地减弱土星本体上亮带（如赤道亮带）和光环的明亮结构（如 B 环的外部）发出的眩光，观测者在开始使用滤光片时就会发现这一点。滤光片还可以选择性地透过某些波长的光，并阻挡其他波长的光，以增强土星带纹和亮带中的低衬度大气的特征（例如，昏暗的花纹和亮斑）。表 2.1 列出了一些雷登滤光片的特性，它们在行星观测中经常被使用。表 2.1 还列出了使用它们观测土星时的建议。

除了滤光片，亮度可调偏振镜（图 2.9）也可以通过削减透射光，显著提高土星上微弱特征的可见度，如大气花纹和斑点、土星环系的特征等。此外，偏振镜还不会影响这些特征的颜色。每一个严肃的行星观测者都应该拥有这样一个偏振镜！当今最流行的光强可变偏振镜是一款配备目镜座的组件，目镜座连接着一节镜筒，镜筒内包含两个高级的光学玻璃偏振滤光片，其中一个可以相对另一个旋转，光透过率随着旋转角度在 1% 到 40% 之间变动。理想情况下，亮度可调偏振镜镜筒中与目镜转接口相对的一端应该有一个螺纹筒，用于接受滤光片，以便发挥两者的功能。

表 2.1　所选雷登滤光片的性能

| 雷登数 | 颜色 | 透光率 (%) | 主波长 (Å) | 观测土星时的推荐用途 |
|---|---|---|---|---|
| W25 | 红棕三色 | 14 | 6150 | 阻挡蓝色和绿色波长；提高带纹和亮带之间的衬度；增强浅蓝色细节。最适用于≥20.3厘米的孔径。 |
| W23A | 浅红 | 25 | 6030 | 提高带纹和亮带的衬度；凸显浅蓝色特征；适用于较小孔径，是W25滤光片的良好替代。 |
| W21 | 橙 | 46 | 5890 | 阻挡蓝色和绿色波长的透射；增加衬度，提高带纹和亮带中次要细节的可见性；配合小孔径使用，是W25或W23A滤光片的良好替代。 |
| W8 | 浅黄 | 83 | 5720 | 增强带纹的橙色和浅红色细节。 |
| W15 | 深黄 | 67 | 5790 | 帮助提高带纹中橙色和浅红色特征的可见性。 |
| W11 | 黄绿 | 62 | 5500 | 高效揭示大气细节特点，尤其是橙色和浅红色特征。 |
| W58 | 绿三色 | 24 | 5400 | 阻挡红色和蓝色波长；提高带纹和亮带的可视性，尤其是亮斑；增强极地区域的细节。 |
| W82A | 浅蓝 | 73 | 4896 | 增强低衬度区域的衬度；增加黄色和橙色特征的可见性。 |
| W38A | 蓝 | 17 | 4790 | 通过抑制红色和橙色波长提高衬度；有助于揭示细微细节，包括亮斑；增强光环结构的衬度；最好配合≥20.3厘米的孔径使用。 |
| W80A | 中蓝 | 30 | 4750 | 增强带纹、亮带和极地区域的衬度；显著提高包括光环现象在内的高精细细节的可见度；配合较小的孔径时，是W38A的绝佳替代。 |

| 雷登数 | 颜色 | 透光率 (%) | 主波长 (Å) | 观测土星时的推荐用途 |
|---|---|---|---|---|
| W47 | 蓝紫三色 | 2 | 4600 | 强烈阻挡红色、黄色和绿色波长；非常有助于提高衬度和揭示环系中的细节；最好配合≥20.3厘米孔径使用。 |
| W30 | 浅洋红 | 27 | 4200&6020 | 特别有助于揭示环系的细节特征。 |

图 2.9　透射波长明确、整齐有序的滤光片，以及高性能的亮度可调偏振镜，用于提升对行星细微细节的感知能力。

## 2.6 选择适合观测土星的望远镜

以上对望远镜的各种设计、支架装置、目镜和其他配件的优缺点进行了讨论和研究。但最终要选取一款用于观测土星的设备，用于之后的常规观测。在选择设备时，最重要的考虑因素是它的整体光学品质和机械性能，以便土星观测者能获得性价比最高的望远镜。对观测这颗行星的望远镜来说，确定一个固定的最小孔径值是非常麻烦的，因为多年来，经验丰富的观测者仅用令人惊讶的小望远镜就取得了非凡的成果。几乎所有的光学辅助设备都能显示出土星壮观的光环系统，但要看到星体上的特征，如暗带和靠近该行星赤道的一两个突出区域，就需要一个性能优良的 7.5 厘米孔径的折射式望远镜了。如果视宁度好的话，光环中的卡西尼环缝也可以被这类设备捕获。当观测者更倾向于分辨土星上的细微细节时，孔径为 10.2 厘米或更大的折射式望远镜和马克苏托夫 – 卡塞格伦望远镜、20.3 厘米孔径或更大的牛顿望远镜和施密特 – 卡塞格伦望远镜应该足以对带纹和亮带的光强变化进行更基础的研究，并能够帮助对土星及其光环系统进行详细的图像绘制和 CCD 成像。当视宁度和透明度都特别有利时，观测者可以利用 25.4 厘米孔径以上的设备来实现更大的图像比例、更高的分辨率和图像亮度，并进行更高级、更专业的观测工作。

因为观测的首要目标是尽可能看到土星及其光环上最精细的细节，所以选择的望远镜应该提供图像亮度、衬度和分辨率的最佳组合。此外，所有透镜和反射镜都必须保持洁净、正确校准，所有部件都必须安装牢固，以便进行长期的观测。把精密光学元件安装在牢固的装置上，远比复杂的“go-to”电控系统重要得多。

当获取了合适的设备和配件后，就没有什么比在目镜上花费高效的观测时间更重要了。定期使用望远镜观测土星能够训练眼睛，并提高分辨微弱细节的能力。更重要的是，观测者需要对设备进行反复实验和摸索，为孔径确定放大率、图像大小、亮度和衬度的最佳组合。付出最终会得到回报。

# 第三章

# 影响天文观测的因素

## 3.1 系统观测

天文爱好者可以对土星进行定期观测，提供有用的科学数据，同时享受其中。无论对土星及其卫星进行目视观测还是摄影观测，理想的观测都必须是成系统的，要遍及各类可见期，从行星合日后走出其炫目光芒直到下次合日，再次进入太阳的地盘。土星的朔望周期（即一颗行星连续两次合日的时间间隔）约为 378 天。因此，在整个可见期内（在地球上观看，持续的时间比 1 年长几天），土星大约有 9~10 个月（取决于观测者的纬度）的时间处于适合观测的位置。间隔较久的散乱观测意义不大，多人参与的标准化的系统观测具有不可替代的重要性。目视观测者应该尽可能地提高观测数据的客观性，这一要求可以通过多个观测个体同时参与监测土星上的活动来实现。当然，天文爱好者收集数据的方法日新月异，今天，土星观测者使用电子设备来辅助目视观测的情况并不少见。例如，越来越多的观测者在定量观测中使用了光电光度计，更引人注目的是，有些天文爱好者使用 CCD 成像技术和视频成像技术获取的观测结果达到了专业级别。本书后面将讨论更多关于天文摄影和 CCD 成像的内容。

## 3.2 天文视宁度

生活在大地上的观测者要观测土星和其他天体，必须透过厚厚的大气。这会影响望远镜图像的清晰度。因此，在计划和执行观测时，大气状态是一个需要考虑的关键因素。天文视宁度是不同位置空气折射率有微小差异的结果。这种变动与密度差直接相关，通常受温度梯度的影响。这种大气的随机变动引起的可观测效果有图像的无序失真和移动。一会儿，视宁度是“极好的”，即在相当长的一段时间内没有观察到明显的图像涨落；而过一会儿，视宁度就变得“较差的”了，图像看起来像是出现在沸腾的水底或是在流动的液体之下。

尽可能准确和客观地确定观测时的视宁度质量，对行星观测者来说极其重要。当大气湍流涌动时，无法有较好的分辨率，观测会被迫停止，直到大气条件允许进行有意义的工作。行星观测者通常使用视宁度等级量表来评定视宁度的优劣。国际月球和行星观测者协会制定的视宁度等级是其中最流行的一个。该等级的范围从 0.0（绝对是最差的视宁度）到 10.0（极佳视宁度），中间数值由观测者根据大气视宁度情况（表 3.1）指定，最好是在土星附近的天空区域进行。安东尼亚迪等级（表 3.2）是另外一个易于上手的视宁度划分等级。与国际月球和行星观测者协会等级一样，观测者根据安东尼亚迪等级将视宁度指定为 I（极佳视宁度）和 V（糟糕的视宁度）之间的某个值。尽管有些主观，但是这些等级对大多数观测情况都完全适用。

表 3.1　国际月球和行星观测者协会的视宁度等级量表

| 视宁度 | 描述 |
|---|---|
| 0.0~1.0 | 视宁度最差；图像出现恒定的横向偏移和抖动；不稳定。 |
| 2.0~3.0 | 视宁度差；图像频繁横向偏移和抖动；稳定时长<1.0秒。 |
| 4.0~5.0 | 视宁度中等；图像有明显横向偏移和抖动；稳定时长约1.0秒。 |
| 6.0~7.0 | 视宁度好；图像出现间歇性偏移和抖动；稳定性持续几秒钟。 |
| 8.0~9.0 | 视宁度极好；图像有轻微偏移和抖动；稳定性持续数秒。 |
| 10.0 | 视宁度最佳；未检测到图像偏移和抖动；持续稳定。 |

表 3.2　安东尼亚迪视宁度等级

| 视宁度 | 描述 |
|---|---|
| Ⅰ | 视宁度最佳；检测不到图像抖动。 |
| Ⅱ | 视宁度较好；图像有抖动，稳定性持续几秒钟。 |
| Ⅲ | 视宁度中等；图像抖动明显。 |
| Ⅳ | 视宁度较差；图像抖动频繁。 |
| Ⅴ | 视宁度最差；图像不停抖动。 |

图 3.1　在最佳的视宁度条件下，由无遮拦光学系统呈现的艾里斑。该图像是由科尔·贝雷弗奇（Cor Berrevoets）开发的 Aberrator v3.0 生成的。

较资深的行星观测者会使用更加客观的视宁度等级量表，这些等级涉及大气湍流和分辨率之间的深层次联系。在尚且稳定的大气环境中，当优质无遮拦、圆形孔径光学设备正确对准时，恒星在其中呈现出一种衍射图案，图像有一个明亮的衍射斑（也被称为艾里斑），由同心明亮圆环环绕，暗圆环穿插在它们中间（图3.1）。例如，当观测一个恒星视星等相同的双星系统时，设备就有可能无法将两颗恒星区分开来。也就是说，除非两个衍射圆斑的间距大于中心亮斑的半径，两颗同样明亮的恒星将显示为一个图像，无法区分开来。增加放大率不会提高光学系统分辨恒星的能力，因为衍射斑的尺寸和它们之间的间隔以同样的倍数被放大。增加望远镜的孔径，会在不改变两个衍射圆斑间距的情况下，成比例地缩小中心衍射斑的大小。因此，孔径是影响分辨这两个恒星的关键因素。

艾里斑的角半径 $\theta$（弧度）由下式得出

$$\theta = \frac{1.22\lambda}{D} \tag{3.1}$$

其中 $\lambda$ 是波长，$D$ 是设备的孔径（两个值均以厘米为单位）。为了方便，我们将 $\theta$ 值乘以 206, 265，将弧度转换为角秒，1 弧度有 206, 265 角秒。因此，等式 3.1 重写为

$$\theta = \frac{1.22\lambda}{D} \times 206,265$$

人眼在明视状态下可见光谱灵敏度大概在 5500 埃的区域达到最大值，对于 1.0 厘米的孔径，$\theta$ 的值为

$$\theta=[\frac{1.22(5.5\times10^{-5})}{1.0}]\times206,265=13.84角秒$$

给定孔径大小，黑暗天空背景下，若恒星的目视星等相同，那么它们的瑞利分辨率理论极限 $R$ 由式 3.2 定义为

$$R=\frac{13.84角秒}{D} \tag{3.2}$$

其中，$D$ 的单位为厘米。因此，瑞利判据从理论上判定了是否能够区分待观测的两颗恒星。当然，这个表达式的最终数值很明显还取决于波长和孔径的数值。

在解剖学意义上，虹膜控制着通过瞳孔进入眼睛的光量，瞳孔的直径根据光强（场景亮度）在 2.0~8.0 毫米之间变化，某些情况下还取决于虹膜的弹性。通常，瞳孔在 2.0~6.0 毫米的范围内，视力最敏锐。当瞳孔直径低于这个范围，在暗背景下两光点的分辨率将受到衍射的限制；若瞳孔直径超过此范围，像差将成为限制眼睛分辨率的因素。

大多数黑暗天空背景下（即非昼间观察）进行行星天文学观测时，眼睛的瞳孔直径为 5.0 毫米，由等式 3.2，眼睛分辨率为

$$R=\frac{13.84角秒}{D_e}=\frac{13.84角秒}{0.5厘米}=27.7角秒$$

其中，$D_e$ 是眼睛瞳孔的直径，单位为厘米。虽然采用上述方法，眼睛的理论分辨率为 27.7 角秒，但在实际情况中，眼睛分辨率的极限可能更接近 70.0 角秒，甚至 140.0 角秒。

若眼睛想要分辨出望远镜能够分辨的所有内容，给定孔径 $D$

（单位为厘米），望远镜使用的最小放大率由以下等式 3.3 给出

$$M_{\max}=\frac{\theta_e}{13.84\text{角秒}/D} \quad (3.3)$$

其中，$\theta_e$ 是眼睛的分辨率，单位为角秒，$D$ 为望远镜的孔径，单位为厘米。采用上述眼睛的保守最小分辨率 140.0 角秒，根据等式 3.3

$$M_{\max}=\frac{140.0\text{角秒}}{13.84\text{角秒}/D}=\frac{140.0\text{角秒}\times D}{13.84\text{角秒}}=10D$$

因此，当给定设备最小的放大率为 10 $D$ 时，在实际应用中，限制望远镜分辨率的唯一因素是其孔径和当时的视宁度情况。因为很难出现最佳的视宁度条件，所以观测很少能达到由瑞利判据确定的分辨率理论极限。

可以用望远镜的有效孔径 $D'$，描述设备在某一观测夜晚的分辨率，如公式 3.4 所示

$$D'=eD \quad (3.4)$$

其中，$e$ 是望远镜的效率。

确定某一夜间特定观测条件下望远镜效率的方法有多种。然而，在使用设备之前，必须让望远镜适应环境的温度，从而克服冷热冲击（thermal shock），这一点非常重要。确定望远镜效率的最简单方法是获取 2.54 厘米孔径的理想分辨率，$r$，这是一个只适用于单个人的常数。对于在行星观测中最常用的望远镜，必须先将孔径“缩小”到精准的 2.54 厘米处。接下来，观测者

必须选取一些目视星等一致、角间距分布在 4.0 到 6.0 角秒之间（间距应恒定）的双星。在 2.54 厘米孔径中几乎无法分辨的双星，可以确定刚提到的这个只适用于单个人的常数 $r$。该流程应该在视宁度极好的夜晚进行，并且该常数一旦确立就比较稳定，可能几个月内都不需要再对其进行检查。

现在，针对每次观测，测量出第二个量，即 2.54 厘米孔径的实际分辨率 $r'$。找到待测设备全孔径能够分辨的相距最近的双星，并记录下来。然后，用观测到的双星的间距乘以全孔径的大小（以厘米为单位），得出 $r'$ 值，如下所示

$$r'=sD \quad (3.5)$$

其中，$s$ 是所记录双星的间距。最后，望远镜的效率由等式 3.6 给出，如下

$$e=\frac{r}{r'} \quad (3.6)$$

并且，望远镜的有效孔径 $D'$ 由等式 3.7 确定为

$$D'=\frac{rD}{r'} \quad (3.7)$$

例如，假设某一日在绝佳的视宁度条件下，将 15.2 厘米孔径的折射式望远镜“缩小”到 2.54 厘米，常数 $r$ 的值被确定为 5.45 角秒（使用本章前面讲述的更主观的标准进行评估）。接着，在随后的一次观测任务中，在全孔径状态下使用相同的设备，假

设在黑暗的天空背景下只能分辨出等亮度的、间隔为 1.50 角秒的双星，那么使用等式 3.5

$$r' = sD = 1.50\text{ 角秒} \times 15.2\text{ 厘米} = 22.8\text{ 角秒}$$

因此，根据等式 3.6，设备的效率为

$$e = \frac{r}{r'} = \frac{5.45\text{角秒}}{22.8\text{角秒}} = 0.239\text{或}23.9\%$$

再根据等式 3.7，该设备此次夜间观测的有效孔径为

$$D' = \frac{rD}{r'} = \frac{5.45\text{角秒} \times 15.2\text{厘米}}{22.8\text{角秒}} = 3.63\text{厘米}$$

表明这副 15.2 厘米折射式望远镜的实际分辨率此时仅相当于正常情况下一台 3.63 厘米孔径的望远镜！

一旦观测者掌握了这种简单测量有效孔径的技能，就可以根据以前的观测经验和结果，通过检查图像的稳定性和清晰度来准确估计 $D'$ 的值。表 3.3 列出了十几个具有相对恒定角间距的双星样本，观测者可以将其用作分辨率的近似判断标准（请查阅相关文献和互联网，获取与此目的相关的更全面双星表）。但是需要注意的是，亮度稍有不同的恒星相比星等和间隔都相同的恒星更难分辨。

因此，上述方法本质上是一种定量评估与分辨率相关的大气状态的一种有效方法。再次强调，只要可能，就应该由经验丰富的观测者来确定有效孔径 $D'$，而不是仅仅对视宁度进行主观估计。必须重点强调的是，用于确定 $r$ 或 $r'$ 的恒星应尽量靠近天

顶，以避免大气色散和折射差数（differential refraction）造成的不利影响。这些影响通常在低海拔区域非常明显。此外，用于评估的恒星在天空中的位置应尽可能地靠近土星（或至少有相同的

表 3.3 用于视宁度定量评估的双星

| | | | | RA | | | DEC | | | | | | Separation |
|---|---|---|---|---|---|---|---|---|---|---|---|---|---|
| **恒星名** | **HD** | **SAO** | **Cons** | **hh** | **mm** | **ss** | **度** | **角分** | **角秒** | **$m_v$ (total)** | **$m_1$** | **$m_2$** | **(″)** |
| ADS 161 | 895 | 73823 | And | 00 | 13 | 23.9 | +26 | 59 | 14 | 6.3 | 6.5 | 8.0 | 0.1 |
| 66 Psc | 5267 | 92145 | Psc | 00 | 54 | 35.2 | +19 | 11 | 18 | 5.80 | 6.2 | 6.9 | 0.4 |
| φ And | 6811 | 36972 | And | 01 | 09 | 30.1 | +47 | 14 | 31 | 4.25 | 4.8 | 5.4 | 0.5 |
| 48 Cas | 12111 | 4554 | Cas | 02 | 01 | 57.3 | +70 | 54 | 26 | 4.48 | 4.8 | 6.5 | 0.3 |
| α Psc | 12447 | 110291 | Psc | 02 | 02 | 02.7 | +02 | 45 | 49 | 3.79 | 4.3 | 5.2 | 1.5 |
| ADS 2612 | 21903 | 24111 | Cam | 03 | 35 | 00.7 | +60 | 02 | 28 | 6.46 | 6.8 | 7.8 | 0.8 |
| 52 Ori | 38710 | 113150 | Ori | 05 | 48 | 00.2 | +06 | 27 | 15 | 5.27 | 6.0 | 6.1 | 1.4 |
| 12 Lyn | 48250 | 25939 | Lyn | 06 | 46 | 14.1 | +59 | 26 | 30 | 4.87 | 5.4 | 6.0 | 1.8 |
| ADS 5447 | 49059 | 96111 | Gem | 06 | 47 | 23.4 | +18 | 11 | 36 | 6.20 | 6.8 | 7.0 | 0.5 |
| ς Cnc | 68257 | 97645 | Cnc | 08 | 12 | 12.6 | +17 | 38 | 52 | 4.67 | 5.7 | 6.0 | 0.9 |
| ADS6762 | 70340 | 135804 | Hya | 08 | 21 | 20.1 | −01 | 36 | 09 | 6.50 | 7.0 | 7.3 | 0.6 |
| 57 Cnc | 75959 | 61125 | Cnc | 08 | 54 | 14.6 | +30 | 34 | 45 | 5.39 | 6.1 | 6.6 | 1.4 |
| φ UMa | 85235 | 27408 | UMa | 09 | 52 | 06.3 | +54 | 03 | 51 | 4.59 | 5.0 | 5.5 | 0.4 |
| ADS7704 | 88987 | 99032 | Leo | 10 | 16 | 16.0 | +17 | 44 | 24 | 7.30 | 7.2 | 7.4 | 1.1 |
| ι Leo | 99028 | 99587 | Leo | 11 | 23 | 55.4 | +10 | 31 | 45 | 3.94 | 4.1 | 4.7 | 1.0 |
| μ Dra | 154906 | 30239 | Dra | 17 | 05 | 19.5 | +54 | 28 | 13 | 4.92 | 5.5 | 5.5 | 1.8 |
| τ Oph | 164764 | 142050 | Oph | 18 | 03 | 04.8 | −08 | 10 | 49 | 4.79 | 5.2 | 5.9 | 1.7 |
| 73 Oph | 166233 | 123187 | Oph | 18 | 09 | 33.7 | +03 | 59 | 36 | 5.73 | 6.1 | 7.0 | 0.5 |
| $\varepsilon^1$ | 173582 | 67309 | Lyr | 18 | 44 | 20.1 | +39 | 40 | 15 | 4.67 | 6.0 | 5.1 | 2.6 |
| $\varepsilon^2$ | 173607 | 67315 | Lyr | 18 | 44 | 22.7 | +39 | 36 | 46 | 5.10 | 5.1 | 5.4 | 2.2 |
| λ Cyg | 198183 | 70505 | Cyg | 20 | 47 | 24.3 | +36 | 29 | 27 | 4.53 | 4.7 | 6.1 | 0.7 |
| 2 Equ | 200256 | 126482 | Equ | 21 | 02 | 12.2 | +07 | 10 | 47 | 7.4 | 7.7 | 7.4 | 2.8 |
| 52 Peg | 217232 | 108307 | Peg | 22 | 59 | 11.7 | +11 | 43 | 44 | 5.75 | 6.1 | 7.4 | 0.7 |
| 72 Peg | 221673 | 73341 | Peg | 23 | 33 | 57.0 | +31 | 19 | 31 | 4.98 | 6.0 | 6.0 | 0.5 |

**HD**，亨利 · 德雷珀星表（*Henry Draper Catalogue*）中恒星的名称；**SAO**，史密森天体物理天文台星表（*Smithsonian Astrophysical Observatory Star Catalogue*）中恒星的名称；**Cons**，星座；**RA**，赤经；**DEC**，赤纬；**$m_v$ (total)**，双星的整体目视星等；**$m_1$和$m_2$**，单个恒星的目视星等；**Separation**，双星的角间距（角秒）。

高度），并且建议在土星位于高空时观察它。

经验丰富的行星观测者一般都熟悉能为观测点创造最佳视宁度的气象条件。有时对深空观测至关重要的晴朗夜晚，却不一定是行星观测的最佳时机。例如，作者曾在佐治亚州沿海地区温暖多雾的夜晚多次遇到了很棒的视宁度条件，那时那里的相对湿度达到甚至超过了 90%。总的来说，一次不错的行星观测需要一个平静的地点，其夜间气团变化均匀，温度波动小，气压稳定。

地形在决定天文视宁度质量方面也起着重要作用。观测者应远离山谷或低洼地带，那里有冷空气流入，并且可能有大雾和水汽形成。高海拔地区，如山地高原，大多远离灰尘，无空气污染，通常是观赏行星的绝佳去处。但还是建议要避开山顶，那里因气流和多风因素多有湍流形成。一些最不适合安装望远镜进行观测的地方是水泥车道或沥青停车场，它们整天暴露在阳光下，到了夜间，辐射的热浪将破坏原本可以看到的景象。被草或低灌木丛覆盖的地形有助于改善视宁度，因为白天里植被让周围地形避免了被过度晒热。

## 3.3 透明度

在观测过程中，除了确定天文视宁度外，还应该评估大气的透明度。评估的方法是让肉眼在没有仪器辅助的情况下先适应黑暗环境，然后准确确定勉强看得到的最暗恒星的目视星等（一般用 $m_v$ 表示）。这种方法已经被使用了几十年，现在仍然是大多数行星观测者评估天空透明度的方法。

在估算大气透明度时，观测者首先要做的是准确确定自己的个人相关系数 $C$。这很容易实现。观测者只需对照可靠的星图并找到最暗恒星的星等（最接近 0.25 的目视星等），用 $m_z$ 表示。该恒星只能用适应了黑暗的肉眼，在晴朗、黑暗、没有月亮并远离人工照明的夜晚看到。观测者个人的相关系数 $C$ 用等式 3.8 来确定

$$C = 6.0 - m_z \tag{3.8}$$

接下来，观测者先让眼睛适应黑暗环境，然后找寻土星附近勉强能识别的最暗恒星，即接近 0.25 的目视星等的恒星，并准确估计其目视星等，用 $m_p$ 表示。在进行该观测时，若没有暮色、月光和人造光的干扰，就可以用等式 3.9 计算大气透明度 $T_r$ 了，如下所示

$$T_r = m_p + C \tag{3.9}$$

同样，在上述大气透明度的定量测定中，也存在理想的假定条件，即土星附近的天空区域有少量或没有外来光，同时天顶也几乎没有外来光干扰。若周边城市的灯光、月光或暮色构成了干扰，最好是能找寻独立于散射光可见的最暗恒星，确定其星等。这一般通过参考天空的一些其他特征来实现，例如天空的蓝色深度（depth of blueness）、黄昏时的清晰度等。必须知道，天空透明度是大气光传输特性的对数形式，而不是外来光或散射光的函数。因此，透明度的值将受到雾、水汽和烟雾的影响。

## 3.4 分辨率、图像亮度和衬度感知

在讨论天文视宁度的过程中，如果被观测的两颗恒星的亮度不相等（如目视星等不同或光谱类型不同的双星），那么瑞利判据定义的分辨率理论极限就不成立，也不再完全适用于行星等扩展星体的细节分辨。在实际应用中，经验丰富的观测者在良好的视宁度条件下凭借极其敏锐的视觉就能够分辨出孔径中角间距低于瑞利阈值、星等相等的双星。这个经验分辨率标准，被称为道斯极限，用 $R_d$ 表示，它是在早期的双星目视观测中建立起来的，由等式 3.10 定义为

$$R_d=\frac{11.58\text{角秒}}{D} \tag{3.10}$$

其中，$D$ 以厘米为单位。例如，假定在理想的视宁度条件下，根据等式 3.2，瑞利判据预测 15.2 厘米孔径的望远镜的理论分辨率极限为

$$R=\frac{13.84\text{角秒}}{D}=\frac{13.84\text{角秒}}{15.2\text{厘米}}=0.91\text{ 角秒}$$

而根据等式 3.10，这款设备的道斯极限为

$$R_d=\frac{11.58\text{角秒}}{D}=\frac{11.58\text{角秒}}{15.2\text{厘米}}=0.76\text{ 角秒}$$

在观测黑暗背景的天空时，道斯极限与瑞利判据一样，仅适用于

目视星等和光谱类型都相同的恒星。作为对比，表 3.4 列出了各种孔径望远镜的瑞利极限分辨率和道斯极限分辨率。

表 3.4　望远镜孔径分辨率的理论极限

| 望远镜孔径大小 | | 瑞利判据 | 道斯极限 |
|---|---|---|---|
| 厘米 | 英寸 | (角秒) | (角秒) |
| 1.00 | 0.39 | 13.84 | 11.58 |
| 2.54 | 1.00 | 5.45 | 4.56 |
| 5.08 | 2.00 | 2.72 | 2.28 |
| 6.10 | 2.40 | 2.27 | 1.90 |
| 7.62 | 3.00 | 1.82 | 1.52 |
| 8.89 | 3.50 | 1.56 | 1.30 |
| 10.16 | 4.00 | 1.36 | 1.14 |
| 12.70 | 5.00 | 1.09 | 0.91 |
| 15.24 | 6.00 | 0.91 | 0.76 |
| 17.78 | 7.00 | 0.78 | 0.65 |
| 19.05 | 7.50 | 0.73 | 0.61 |
| 20.32 | 8.00 | 0.68 | 0.57 |
| 22.86 | 9.00 | 0.61 | 0.51 |
| 23.50 | 9.25 | 0.59 | 0.49 |
| 25.40 | 10.00 | 0.54 | 0.46 |
| 27.94 | 11.00 | 0.50 | 0.41 |
| 30.48 | 12.00 | 0.45 | 0.38 |
| 31.75 | 12.50 | 0.44 | 0.36 |
| 33.02 | 13.00 | 0.42 | 0.35 |
| 35.56 | 14.00 | 0.39 | 0.33 |
| 38.10 | 15.00 | 0.36 | 0.30 |
| 40.64 | 16.00 | 0.34 | 0.29 |
| 43.18 | 17.00 | 0.32 | 0.27 |
| 45.72 | 18.00 | 0.30 | 0.25 |
| 48.26 | 19.00 | 0.29 | 0.24 |
| 50.80 | 20.00 | 0.27 | 0.23 |

行星是扩展的星体目标，它们的图像由重叠的艾里斑和衍射环组成，这些斑点和圆环产生于行星可见表面上每一个点发出的反射光线。此时，在分辨行星图像细节的过程中，瑞利判据和道

斯极限都不再有效。在良好的视宁度条件下，熟练的观测者一般能够分辨出行星表面和大气中远低于任何分辨率理论极限的精细特征。例如，卡西尼环缝在土星环环脊处仅宽约 0.5~0.6 角秒，在良好的视宁度条件下，用只有 6.0 厘米孔径的折射式望远镜就可以看到，而瑞利判据的理论阈值为 2.27 角秒，道斯极限为 1.90 角秒。

照度 $L$ 是指朝向某一方向发射、透射或反射的可见光的光量。亮度的标准单位是坎德拉 / 平方米，相应地，行星的表面亮度 $S$ 可方便地用坎德拉 / 平方米来表示。土星的可见光几何反照率 $p_v$ 为 0.47，是行星向观测者的方向反射的光所占入射光的百分比。土星本体表面的实际亮度已经被精确测定，其值约为 180 坎德拉 / 平方米。土星以及其他行星的表面真实亮度值随着相位角 $i$，即地球与太阳之间的行星心夹角，以及行星与太阳的距离而变化。对于像水星和金星这样的内行星来说，亮度变化更加明显。因为它们的相位角 $i$ 远大于 0 度，所以其表面的亮度将明显低于其可见光几何反照率。当它们朝向地球的半球被完全照亮时，相位角为 0 度（地外行星冲日时；地内行星上合时）；而当面向地球的半球全黑时，相位角为 180 度（仅当地内行星下合时）。地内行星和月球能够显示出所有可能的相位角，而像土星这样的地外行星仅能显示一小范围的相位角。因为土星的相位角只能在 0 度附近变化，再加上其近日点和远日点距离没有实质性的差异，所以该行星的亮度相当稳定，其值保持在约 180 坎德拉 / 平方米。

土星反射的光线在进入人眼之前，一定程度上被大气、望远镜光学系统和观测行星时使用的所有滤光片吸收和削弱。无遮拦光学系统（如折射式望远镜）的总透光率（不考虑滤光片）可能高达 85% 左右，牛顿望远镜光学系统的总透光率略高于 80%，但是折反式望远镜光学系统的总透光率可能会低至 60%~70%。反射镜表面的增反膜和透镜上的高效增透膜改善了系统的透光率，但是在图像到达观测者眼睛的视网膜之前，仍然会有光损失。第二章表 2.1 给出了多个雷登滤光片的透光率。因此，使用滤光片是影响光学系统整体透光率的一个因素。这些因素累积起来，导致土星表面的视亮度始终低于其 $S=180$ 坎德拉 / 平方米的实际值。望远镜的孔径和放大率也很关键，望远镜中的图像亮度与孔径面积和眼睛瞳孔面积的比值成正比，与放大率的平方成反比。

衬度是两个物体之间亮度的分数差。例如，如果土星本体上两个区域的实际表面亮度为 $S_1$（明亮区，如赤道亮带）和 $S_2$（暗区，如南赤道带纹），其中 $S_1 \geqslant S_2$，都以坎德拉 / 平方米为单位，土星本体上两个区域之间的实际衬度 $c$ 为

$$c=\frac{S_1-S_2}{S_1} \qquad (3.11)$$

如果 $c$ 为 0.0，则 $S_1$ 必须等于 $S_2$，此时两个区域的亮度相等。当 $c=1.0$ 时，$S_2$ 必须为 0.0（为黑色）。接下来，某望远镜中土星两个表面特征之间的视衬度 $c'$，由以下公式定义

$$c'=\frac{S'_1-S'_2}{S'_1} \qquad (3.12)$$

其中，$S'_1$ 和 $S'_2$ 表示视表面亮度，单位为坎德拉 / 平方米，$S'_1 \geqslant S'_2$。

若土星上的两个大气特征比极限分辨率大很多，那么只有当图像中有散射光时，$c'$ 才会与 $c$ 有明显差别。在我们刚才的例子中，如果 $S_1$（赤道亮带）和 $S_2$（南赤道带纹）的实际表面亮度分别是 180 坎德拉 / 平方米和 90 坎德拉 / 平方米，则这两个区域之

间的实际衬度 $c$ 由等式 3.11 得出，如下所示

$$c=\frac{180-90}{180}=\frac{90}{180}=0.50\text{或}50\%$$

如前所述，大气、望远镜和采用的滤光片的吸收将按一定比例减少这两个区域的透光率，但是在没有散射光的情况下，请记住此时 $c$ 与 $c'$ 仍没有明显的差别，$S'_1$ 和 $S'_2$ 之间的视衬度仍然是 50%。如果将来自明亮的赤道亮带的 30 坎德拉 / 平方米散射光添加到相邻较暗的南赤道带纹中，则根据等式 3.12，两个区域之间的视衬度 $c'$ 就会变为

$$c'=\frac{150-120}{150}=\frac{30}{150}=0.20\text{或}20\%$$

少量的散射光就会对赤道亮带和南赤道带纹之间的衬度产生很大影响。

实验表明，如果行星的视表面亮度在 300 到 3000 坎德拉 / 平方米之间时，那么相对衬度更显著，特别是在亮度接近 1000 坎德拉 / 平方米的水平时，可以获得最佳衬度感知。为了使表面亮度达到 1000 坎德拉 / 平方米，必须降低放大率。对土星观测来说，这是不可能的。考虑到设备、大气和滤光片的吸收，即使是 100 坎德拉 / 平方米的视亮度，都不可能实现（该行星的实际表面亮度仅为 180 坎德拉 / 平方米）。如前所述，对于小于 10 $D$ 的放大率，眼睛一般无法全部分辨出光学系统能够分辨的物体。实验表明，保持良好衬度感知的最低亮度约为 10 坎德拉 / 平方米，所以在观测土星时，观测者必须使用比 10 $D$ 低得多的放大率。因此，在视宁度和透明度都允许的情况下，大孔径是必要的。

为了使观测者获得最佳的衬度感知，以便检测到土星大气中的分离现象，图像必须大而明亮。人眼的衬度敏感度可以根据两个相邻区域之间眼睛可感知的最小亮度差异来评估。但在行星研究中，衬度感知很难达到理论视觉阈值。如果通过增加放大率来达到增大图像的效果，行星图像会变得太暗。同样，如果通过降低放大率来获取更亮的图像，结果往往是图像太小，以至看不到星体上的任何东西。因此，需要寻求折中的方法，以满足图像尺寸和亮度两方面的要求。

相比表面亮度的水平，图像大小在衬度感知中起着更重要的作用。老练的观测者在使用高倍望远镜观测像土星这样相对较暗的行星时，往往不认可通过降低放大率来改善衬度感知。事实上，衬度感知强烈依赖于土星上大气特征（例如，带纹和亮带）的角大小，结果表明，适度增加放大率相比降低视表面亮度，在辨别精细结构、提高衬度感知方面会收益更大。

同样，在观测环境好、光学系统无污染的前提下，可以通过反复实验确定适用于土星观测，并产生最佳衬度感知的放大率。针对角直径是瑞利分辨率判据两倍的特征，以及占行星尺寸很大一部分的特征，我们都进行了计算。对于土星最精细的大气细节和土星环中捉摸不定的特征，需要使用 350~500 倍这样非常高的放大率才能很好地看到它们。显然，以这样的放大率工作，望远镜必须使用大孔径才能获得良好的图像品质。对于较大些的表面特征，可以把放大率降低到中等水平，大约在 200~400 倍的范围内。

值得一提的是，对超过 10 $D$（$D$ 的单位是厘米）的放大率，当衬度感知处于最佳水平时，表面细节的分辨能力也最佳。这是因为瑞利判据仅适用于反差极大的光源，而土星表面细节的亮度差异通常很小，因此，需要考虑衬度对细节观测的影响。在土星观测条件绝佳的情况下，这里提到的放大率范围可以被视为上限，而在条件中等的情况下，只要放大率不明显小于 10 $D$，那么较低的放大率更管用。因为通常人们是在黑暗的天空背景下观测土星的，所以衬度感知可能会受到一些心理物理学方面的影响。此外，多湍流的视宁度条件下，土星大气特征模糊不清的边界一般会被拓宽和稀释，因此，需要采用比建议值更低的放大率来锐化外围边界，以增强对精细、难以捕获的细节的感知。

## 3.5 颜色感知

在正常照明情况下，人眼的可见波长在电磁频谱的 3900 埃（紫色）到 7000 埃（深红色）之间，最大视敏度出现在 5500 埃的区域附近。眼睛的视网膜中有两种感光细胞，即视杆细胞和视锥细胞。当照明水平极低时（低于 0.034 坎德拉 / 平方米），视杆细胞处于活跃状态，它们负责适应黑暗的夜间视觉，也称为暗视觉。视杆细胞内部含有一种称为“视紫质”的感光物质，在电磁频谱的绿色区域，即 5100 埃处，具有最高的视敏度，暗视觉是单色的（即没有色觉）。

视网膜还包括三种类型的视锥细胞，它们分别含有最大波长响应为 4450 埃（蓝色）、5350 埃（绿色）和 5725 埃（红色）的感光物质，并在高于 3.4 坎德拉 / 平方米的照明范围内发挥作用。视网膜锥体细胞的波长敏感性叠加起来，产生复合感官反应，为形成整个可见光谱的白昼彩色视觉（也称为明视觉）奠定基础。

当照明范围介于 0.034 至 3.4 坎德拉 / 平方米之间时，亮度较低但并非完全黑暗，视觉将处于明视觉和暗视觉的组合状态，称为间视觉。

行星表面亮度对色觉敏度的影响远大于对衬度感知的影响。如上所述，感知色彩的视锥细胞在低于 0.034 坎德拉 / 平方米的光照水平下不再起作用。如果土星的图像非常暗，很可能出现一些色觉错觉，干扰观测，使结果不可信。当亮度水平为 0.034 坎德拉 / 平方米时，视觉从明视觉转换到暗视觉，柏金赫现象会使物体看起来比实际情况蓝。当亮度超出发生柏金赫现象的范围，进入 0.50 至 50 坎德拉 / 平方米之间时，另一个复杂的错觉便介入进来，被称为德布吕克现象。在这种情况下，土星带纹或亮带呈现的红色、黄色、绿色和蓝色看起来很正常，但土星本体上的黄绿色和橙色色调看起来就更淡些,而蓝绿色和紫色看起来更蓝。以上这些效应都是在图像亮度较低的水平上产生的，很明显，微红或微绿的颜色以某种方式被削弱了。而当行星表面亮度水平非常高时，所有颜色的饱和度出现明显的下降。

颜色的直接感知还和土星特征的角范围有关，尤其是对于蓝色、绿色和紫色。随着所研究特征的尺寸变得越来越明显，颜色将变得更加饱和。受其影响，对能够分辨的角大小最小的大气现象，紫色或黄绿色将显示为灰色，而其他颜色显示为蓝绿色或红橙色。

在实际应用过程中，建议观测者经常将他们的视线从土星本体上的一个点转移到另一个相邻的位置，因为长时间盯着一点，往往会导致临近区域颜色和衬度的“消失”。

视觉的同时对比产生于一种颜色叠加到不同色调的背景上时，给行星观测者带来了许多问题。当中性色或不饱和色叠加到色调更饱和的背景上时，通常显示为背景的互补色。例如，在微红的背景上,灰色看起来是绿色的！对这些现象的详尽研究表明，诱导对比色对表面亮度的波动不敏感，并且周围色调越饱和，诱导对比色越明显。此外，凝视土星上一个区域的时间越长，对比产生的效果就越明显，特征的大小越小，边界就越模糊（这可能是由于视宁度差或图像的过度放大导致的）。

在土星观测过程中，采用视觉进行绝对颜色估计时，使用各种摄影或艺术品供应商提供的比色图表，将增加评估的客观性，使评估更标准化。

## 3.6 谈一谈同时观测

同时观测涉及两个或多个观测者，他们在同一日期、同一时间，采用类似的设备和方法，同时对土星展开独立的观测工作。同时观测大大减少了观测的不确定因素和目视观测固有的主观性。在这类观测中引入 CCD 成像和网络摄像头成像，有助于获取可用于比较的观测数据（见第九章）。土星观测者专注于长期系统的标准化同时观测的重要性，再怎么强调也不为过。

# 第四章

# 土星本体和环系的目视印象

如第一章所述，土星的平均朔望周期是 378 天，即行星与太阳会合一次的周期。因此，土星的一个可见期比地球年略长。土星每年相对于背景恒星向东移动约 12 度，它在一个星座中要保持较长的时间。

用肉眼观看，土星至少是一等星，并呈现出明显的淡黄色。在地球上的中北纬度区域观测这颗行星的最佳时间是土星冲日时，它会在午夜时分出现在天体子午线上，并在天空中保持较高的位置，躲开地平线附近常见的大气湍流。当土星冲日并离地球最近时，它的赤道角直径约为 20.5 角秒，它宏伟的光环可以达到 47.0 角秒。

土星的自转轴与其轨道极之间的夹角，或称轨道倾角，为 26.7 度。土星的自转轴在空间中的方向基本保持不变，因此，土星本体和光环相对于太阳和我们的视线（因为地球是一颗内行星）的倾斜程度随着时间而变化。因此，土星与地球一样拥有季节。在一个土星年的周期内（29.5 地球年），从地球有利观测点观测，*B* 的值（土心纬度），或地球相对于星环平面的土星纬度，在 0 度到 ±26.7 度之间变化。当 *B* 为正（+）时，从地球上可以看到土星本体的北半球和土星环系的北表面（尤其是在 +26.7 度的最大倾角附近）。同样，当 *B* 为负（–）时，可以看到该行星的南半球和光环的南表面。当 *B* 为 0.0 度时，土星环侧翼相对（edge-on），可以看到土星本体南北半球的均分状态。

土星本体的大气活动和细节特征并不像木星上的那样平常、

显著。观测新手往往对土星首次带给他们的印象感到失望，尤其是在使用观测能力弱、孔径小的望远镜观测时。然而，随着时间的推移，在视宁度良好的条件下，将图像亮度和衬度调至最佳状态后，耐心的观测者能在视觉阈限辨认出越来越多的细节。

本章讨论了土星本体和光环上常见的特征和现象，这些特征和现象是观测者历经多个观测季对该行星长久、熟练的观测所获。这里还穿插了来自国际月球和行星观测者协会土星部的多张手绘图像和照片，用来辅助说明土星本体和光环的特征和相关现象。除非另有说明，否则南方总是在每张绘图或照片的顶部，而东方则位于左侧，这里遵循国际天文联合会对常规倒像天文视图方向的约定。随后的几章还讨论了重要的土星观测项目和现代的数据记录方法（包括业余—专业合作机会）。以下是一份天文学爱好者目前所参与工作的便于使用的摘要，以便在我们进行土星本体和光环视觉印象的讨论时，供读者参考：

估计带纹、亮带和光环结构的目视相对亮度和数字相对亮度（目视光度测量）

使用标准观测表格绘制土星本体和土星环系的满圆面图和剖面图

土星本体上，带纹和亮带中细小特征的中央子午线中天时刻

采用准线测微计测量或估计土星本体上带纹和亮带的纬度

土星本体和光环特征的色度和绝对颜色估计

除了研究卡西尼环缝、恩克环缝和基勒环缝，还观测了土星光环中的“亮度极小”

采用滤光片研究土星光环的双色性特征，并监测光环亮度在方位角方向可能存在的不对称

观测土星本体和光环引起的掩星

除常规研究外，在土星光环侧身朝外时，对土星进行专门研究

土星卫星的目视观测、CCD成像和星等估计

土卫六的多色光度测定和光谱测量，以确认940纳米处光变曲线的可疑变化，并确定其起伏为7%

使用网络摄像机、数码相机和CCD相机对土星进行定期成像，最好与目视观测同时进行，作为整体同步观测计划的一部分

全面的同步观测计划（全面涵盖）

## 4.1 望远镜下本体不同区域的外观

如天文望远镜的倒像视图所示（请参阅第一章中图1.1的内容），土星本体上的带纹和亮带从南半球的极地一直遍布到北半球的极地。

土星本体的上下半球都布满了相似的带纹和亮带，观测者的标准做法是尽可能多地比较同纬度相应的特征。此外，对同一半球上类似的大气特征和现象进行相关性研究也很有意义。在绘制图像和做描述性报告时，要重点记住所记录区域之间和特征之间的所有相似点或差异处。

## 4.2 土星的南半球

### 南极区

南极区在许多观测季中都显现为黄灰色，有时会有微小的亮度变化。目视观测者会周期性地观测到一个明显的暗灰色南极冠，它比周围环境略暗，但并不总是如此。一条深灰色南极带纹偶尔出现，这条曲线特征环绕着南极区，看起来时常比土星南半球的其他带纹都要暗。

### 南南温亮带

南南温亮带呈淡淡的黄白色，在土星上并不明显。当望远镜的孔径超过 31.8 厘米时，就能轻易看到它。目视观测者偶尔描述过南南温亮带亮度的轻微变化，还描述过个别罕见的大气现象，例如短暂的大白斑。

### 南南温带纹

南南温带纹细窄，呈浅灰白色。它从土星本体的一个边缘延伸到另一边，需要用超过 31.8 厘米的较大孔径的望远镜才能看到。目视观测者很少报告南南温带纹中的活动。

## 南温亮带

黄白色南温亮带的亮度在多数可见期中基本保持不变，有时呈现出附近南热亮带的亮度，在个别观测季可能会和赤道亮带一样显著。对比南温亮带和北半球与其对应的北温亮带，当两个区域可以同时看到时（即光环相对于我们视线的倾角相对较小时），可以发现这两个区域在整个可见期中的亮度都是相同的。南温亮带中并不经常出现大气现象，但对于警觉度高的观测者来说，瞬态特征会随时出现，尤其当土星光环的倾角超过 –20 度时。

## 南温带纹

南温带纹呈暗灰色，是土星本体上最常见的带纹，特别是用孔径为 20.3 厘米的望远镜观测时。它从一个边缘延伸到另一边，中间没有间断。在利于对比的观测季，南温带纹通常比它北半球对应的北温带纹略暗。眼睛敏锐的观测者偶尔可以看到一些小黑点散布在大致呈线形的南温带纹内。

## 南热亮带

目视观测者经常用 10.2 厘米或更大的孔径观测到黄白色的南热亮带。并且，它在不同的可见期中都保持着稳定的亮度。整体上，南热亮带与赤道亮带同样显著。在多个观测季，南热亮带和南温带纹的外观非常相似。在某些可见期中，南热亮带内出现了仅持续数小时至数天的短暂小白斑。

## 南赤道带纹

灰棕色的南赤道带纹是土星南半球最明显的带纹，其亮度波动很小，这是它的一个奇异特征。在大多数可见期中，目视观测者描述的南赤道带纹通常分为南赤道带纹北和南赤道带纹南两个部分（就像北赤道带纹一样），它们中间由暗黄灰色的南赤道带纹带隔开。南赤道带纹，作为一个整体，是土星南半球最暗的，也是最引人注目的带纹，并且南赤道带纹北通常略暗于相邻的南赤道带纹南。目视观测者采用不同孔径观测到南赤道带纹北北部边界产生的弥漫暗斑和昏暗投影，它们在许多可见期中还延伸到赤道亮带内。当观测条件和孔径都较好时，在赤道亮带附近的南赤道带纹北内，有时可以看到这种分离的现象。当然，采用更大的望远镜更利于看到这些大气现象。大多数南赤道带纹北或南赤道带纹南中的暗特征是短暂的，它们随土星自转几周后就消失了，不利于记录它们多次中央子午线中天的时间。相反，同样的特征在罕见的情况下随着自转连续出现，此时，准确记录其中央子午线中天的时间非常重要。

## 土星南半球：特别说明

随着本书的出版[①]，非常值得强调的是，土星将在 2003 年 7 月 26 日到达近日点，每 29.5 个地球年（一个土星年）发生一次。一些研究人员认为，土星南半球大气活动的少量增加可能是对该行星季节性日晒周期的响应。尽管过去的测量表明，在近日点，

① 本书原版于 2005 年出版。——编者注

土星距离太阳 9.0 天文单位，对太阳加热的热响应相对较慢。尽管如此，我们鼓励观测者紧随土星通过近日点后的可见期，密切监视它的南半球。因为该行星大气热响应有滞后效应，类似于我们在地球上经历的模式，即最热的日子不是在夏天的第一天，而是在几周后。

## 赤道亮带

当土星环接近侧身朝向时，如在 1996 年和 2009 年，淡黄白色赤道亮带被平分为两半，赤道亮带北（光环横切土星本体的位置和北赤道带纹之间的赤道亮带区域）和赤道亮带南（光环横切本体的位置和南赤道带纹之间的赤道亮带区域）。赤道亮带的亮度接近 B 环，几乎总是土星本体上最亮的带，该区域还会发生大量的大气活动。当光环趋近侧翼相对，但还没有完全达到时，观测者可以通过非常纤细的、环绕在土星本体上方的 E 环的某些部分看到赤道亮带北和赤道亮带南，这有助于感知赤道亮带两部分之间的亮度差异。

赤道亮带内会周期性地出现显著的巨大白斑，最近一次出现是在 1990 年，它非常明亮，即便是最小孔径的望远镜也能捕捉到这次耀眼的大气扰动。

对流过程将氨提升到土星外部寒冷的大气中，明亮的冰云在那里凝结，形成耀眼的白斑。几周内，1990 年的风暴被拉长并发展成为一条明亮的条纹，最终占据了整个赤道亮带。这个快速演变过程包括几个阶段：早期对流喷发，标志着白色耀斑的形成；然后是从东向西的纵向扩展；最后是成熟阶段，在此阶段亮斑扩散并最终占据整个赤道亮带。与 1876 年和 1933 年类似的爆发一样，1990 年的大白斑发生在夏季土星的北半球。日照的增加或减少会导致复杂的机制，但季节效应是否有助于赤道亮带大白斑的爆发尚不清楚。重要的是，土星内部有一个热源，足以单独解释这种现象。天文爱好者对 1876 年、1933 年和 1990 年著名的白斑进行了长期系统的观测，通过对观测结果的比较、分析和研究证实，它们出现的间隔是 57 年，略少于两个土星年。此外，在 1990 年主喷发后的几个月内，还可以在赤道亮带内看到较小的亮斑，表明这些大规模风暴并未随着主喷发的完成而完全消散。1876 年和 1933 年的现象与此相似。由于这种壮观的白斑扰动间隔大约 57 年才出现一次，本书的最年轻的土星观测的读者，可以为 2047 年的下一次爆发做好准备！

尽管上述赤道亮带大白斑的爆发引起了许多目视观测者的关注，然而土星赤道两侧 10 度的范围内偶尔还会出现其他中等大小的白斑。其中许多白斑在消散前能够持续足够长的时间，使得其中央子午线中天时刻具有研究价值。每一次赤道亮带亮度的提升可能主要归因于此类弥漫的白斑。

赤道带纹通常被描述为一个深灰色的、模糊的线性特征，它横穿土星本体。在有利的观测条件下，偶尔可以在较大孔径的望远镜中看到它。

## 4.3 土星的北半球

### 北赤道带纹

北赤道带纹呈灰棕色，分为北赤道带纹北和北赤道带纹南两个部分，“n”是指北部的部分，“s”是指南部的部分，它们被一个轻微弥漫的黄灰色北赤道带纹亮带分隔开来，这在孔径大于20.3 厘米的望远镜中尤其明显，但北赤道带纹也可能呈现为一个整体。当同时观测北赤道带纹北和北赤道带纹南时，北赤道带纹南比北赤道带纹北暗一些。然而，用较小孔径的望远镜观测时，北赤道带纹一般作为一个整体出现，很少呈现出细节。北赤道带纹亮带是土星上不怎么鲜明的亮带，但它因为夹在较暗的北赤道带纹北和北赤道带纹南之间而更容易被看到。观测者在较好的观测时期能够定期在北赤道带纹北和北赤道带纹南内分辨出昏暗、模糊的短暂喷发和凝聚。但不幸的是，这些特征持续的时间大多较短，不足以用于中央子午线中天时刻的测量。在多个观测季中，北赤道带纹一般都是土星北半球最暗的，也是最显眼的带纹，并且几乎看不到其亮度的变化。北赤道带纹的亮度与其南半球对应的南赤道带纹一样。

### 北热亮带

北热亮带呈黄白色，其亮度仅次于赤道亮带，是土星本体上最亮的区域之一。它在几个可见期中显示出非常轻微的亮度变化。

在它穿行于土星本体之上时，偶尔会出现明亮的区块或彩纹。

## 北温带纹

北温带纹呈浅灰色，是土星本体上一个非常模糊的特征，一般只能通过周围环境才能分辨出来。当北温带纹出现时，它从土星本体的一边延伸到另一边，整个弥漫开来。北温带纹与相邻区域的衬度较差，其原因可能是这些特征都有差不多的亮度。

## 北温亮带

北温亮带呈暗黄白色，其亮度在不同可见期内表现出周期性的小波动。观测者经常报告与北温亮带相关的短暂弥漫特征，这些特征有亮的，也有暗的，通常接近视力的极限。在某一次可见期中，当土星光环的倾角能使北温亮带和南温亮带一同被观测时，它们呈现出几乎相同的亮度。

## 北北温带纹

北北温带纹呈灰色，每一个观测季都会有那么几个有关它的独立观测。但只有在望远镜孔径超过 31.8 厘米的情况下，才最有可能看到这条神出鬼没的带纹。

## 北北温亮带

北北温亮带呈现暗暗的黄白色。观测者在特定的可见期可能会瞥见它，但在孔径小于 31.8 厘米的望远镜中，这种特征并不常见。该特征的整体亮度会偶尔出现波动。

## 北极区

北极区呈黄灰色，在不同的可见期内都能保持整体外观的均匀性，但它的亮度会时不时地发生细微的变化。在一个观测季中，一个暗淡的黄灰色北极冠会不时出现，它出现在土星最北端附近，通常比其周围略暗。有时，还会出现一条狭窄的浅灰色北极带纹围绕着北极区，且清晰可见。

## 4.4 望远镜下土星光环的外观

在前面的章节中，我们讨论了土星环系的三个主要结构，或者说经典结构，至少对地球上的大多数目视观测者来说是这样。如果没有光环系统，土星不过就是巨型木星的一个复制品，只是更加幽暗和寂寥。这些光环除了增加美感，在很大程度上还决定了土星的亮度。无论从显示度还是从广度来看，在太阳系中没有什么东西能与它们相媲美了。

如第一章中的图 1.1 所示，三个主要的环结构，或者说经典的环结构，是 A 环（最外层结构）、B 环（中间较宽的环）和 C 环（内侧如黑色面纱般的暗环）。一个被称为卡西尼环缝的黑色缝隙将 A 环和 B 环隔开。当光环朝着我们的视线完全打开时，用 6.0 厘米孔径的折射式望远镜就能看到它。在 A 环中，距离星球一半的地方有另外一条缝隙，被称为恩克环缝，它的边界没有卡西尼环缝那样清晰。在良好的观测条件下，用 31.8 厘米孔径的望远镜就能看到它。一些观测者曾描述，它有时分成多个缝隙，因此，也被称为“恩克复合体”。C 环是目前为止所有环中最暗的结构。但当视宁度和透明度条件较好时，用 7.5 厘米孔径的望远镜就可以看到它。

如第一章所述，除了上述三个主要的光环结构以外，光环的最里面还有一个 D 环，它位于 C 环的内侧，显得很神秘。一些人曾表示，他们曾在土星本体上面看到过 D 环（或者很有可能是 D 环的影子），但这些说法未被证实。A 环的外围是纤细、宽广的 E 环，最初对其的观测可追溯到 1907 至 1908 年间，当时，光环正侧身朝向地球。近年来，E 环被航天器证实。同时，航天器还发现了 F 环（在 A 环的外侧）和纤细的 G 环（从 F 环向外延伸）。然而，由于 F 环和 G 环都在 E 环的范围内，因此，E 环仍然是已知土星环的最外层结构。F 环和 G 环对地球上的目视观测者来说几乎不重要，除非土星光环产生掩星效应。即便如此，人们仍然不确定 F 环或 G 环的亮度能否达到可以从地球上目视观测的水平。

除了卡西尼环缝和恩克环缝这两个明确定义的“缝隙”外，观测者多年来一直报告环中的各种“亮度极小”，这些“亮度极小”隔断了原本连续的星环结构。航天器证实，这些精细的、难以找寻的缝分布于大部分区域中。因此，光环在其宽度方向不可能不存在断裂。当观测条件有利时，航天器拍摄的照片中那些明显的“亮度极小”就可以从地球上用大孔径的望远镜观测到。对“亮度极小”的表征和位置的观测非常重要，特别是当它们的可见性和位置随时间变化时。航天器发现的这些特征数量巨大，又极其丰富，地球上的观测者几乎不可能在环中再发现任何新的“亮度极小”了。

国际月球和行星观测者协会土星部的观测结果表明，除了卡西尼环缝和恩克环缝外，还有大约 10 个“亮度极小”，在地球上可以识别出来。当然，需要超过 40.6 厘米孔径的大望远镜和良好的观测条件才能看到它们。测量这些“亮度极小”所在的光环结构以及彼此间的相对位置总是有用的。有一套命名这类特征的系统方法，能够方便、准确地区分环缝和“亮度极小”。观测者只需将一个大写字母和一个数字分配给所看到的缝或“亮度极小”，其中，字母表示缝所处的光环结构，数字表示从土星本体朝向光环结构的方向，缝的位置所占环结构的份数。例如，恩克环缝

（有时或被称为“恩克复合体”）被标记为 E5，因为从土星本体向外看，它在 A 环约 50% 的地方，或大约一半的位置。而基勒环缝被标记为 A8，因为从土星本体向外，它在 A 环 80% 的位置。卡西尼环缝被标记为 A0 或 B10，因为它正好位于 A 环和 B 环的边界处。该方法提供了一套简易的系统命名方法，为光环结构中较模糊的、通常是短暂的“亮度极小”命名，如 B1、B3 和 B5。

在讨论土星光环的目视印象时，一般的惯例是从距离星体最近的地方开始，向外延伸，囊括所有光环，然后再考虑一些特殊观测条件和与光环相关的现象，本书也采用这一惯例。

## C 环

C 环，常见于环脊处，在土星的大部分可见期中呈现出一贯的灰黑色，其亮度有细微的波动。通常，在环倾斜较大时，环中模糊或狭窄的特征更明显，并且看起来更暗些。在这种情况下，用 7.5 厘米孔径的望远镜就能看到 C 环。用 7.5 到 10.2 厘米孔径的望远镜，还可以识别到暗环带（Crape band），即环绕在星体前方的 C 环。暗环带的亮度均匀，呈暗黄灰色至深灰色。除非太阳和地球都与土星环共面，否则当它们的土心纬度重合时，暗环带就会和土星本体上 C 环的阴影重合，此时，暗环带看起来比实际要更暗些。

## B 环

按照国际月球和行星观测者协会土星亮度参考标准，B 环外三分之一部分的目视光度值为 8.0（目视光度稍后做讨论）。B 环的这个区域始终是光环中最亮的部分，也是土星本体和土星光环上最亮的特征。在大多数观测季，B 环外三分之一部分始终呈白色，且亮度相当稳定。但是，在少数情况下，赤道亮带的亮度会接近 B 环外三分之一部分的亮度，唯有赤道亮带的大白斑爆发在亮度上可与 B 环相匹敌。B 环内三分之二部分较暗,呈黄白色，其亮度在整个观测季和不同观测季节之间都波动不大。目视观测者偶尔也会怀疑 B 环内三分之一部分 B1、B2 和 B5 位置的深灰色“亮度极小”是否存在。在星环倾斜较大的情况下，靠近环脊的部分出现模糊的暗“辐条”。

## 卡西尼环缝（A0 或 B10）

当光环朝向地球倾斜并且接近 ±26.7 度的最大 *B* 值时，用孔径 6.0 厘米的望远镜在环脊处就很容易观测到卡西尼环缝（A0 或 B10）。同样的角度下，若采用更大孔径的设备，再碰上良好的观测条件，就可以看到这条灰黑色的缝绕光环一周的样子。当光环逐渐转身而去，倾角在 ±10 度以内时，卡西尼环缝在环脊处仍然很明显。当光环倾斜变小并且观测设备的孔径较小时，该缝可能就不再是黑色了。卡西尼环缝与黑色的任何偏离，都是由差的观测条件、较强的散射光或不足的孔径导致的。

## A 环

A 环呈黄白色，其整体亮度在大多数观测季内都排在 B 环之后，比它的外三分之一部分和内三分之一部分都要暗。当光环朝向地球足够倾斜时，光环的倾角达到 ±15.0 度或更大，目视观测者报告A环分为黄白色的外半部和内半部，外半部一般比内半部亮一些。在极好的观测条件下，采用孔径超过10.3厘米的设备，在环脊处可以看到深灰色的恩克环缝（A5）或“恩克复合体”，因为大多数目视观测者发现它有明显的繁复结构。观测者们还报告，使用31.8厘米或更大孔径的望远镜在观测条件较好时偶尔会看到钢灰色基勒环缝（A8）。A环沿方位角方向的亮度和颜色振荡也会不时出现，这有可能是由围绕A环旋转的高密度颗粒簇对光的散射引起的。

## 土星光环的双色性

光环的双色性是在东环脊和西环脊（国际天文学联合会标准）之中观察到的颜色差异。这一效应是通过交替使用W47（雷登47）、W38或W80A（全蓝色滤光片）和W25或W23A（红色滤光片）进行系统比较得到的。目视观测者在大多数可见期中都会报道这种奇特的现象。有时这一现象非常明显，特别是它没在土星本体的东、西边缘出现时，也就是说，如果它在星体上和光环上均可见，那么毫无疑问，这种现象是由于大气色散引起的。近几年来，极个别照片和数字图像也显示了这一现象。引起双色性的可能原因有大气色散、望远镜的渐晕、对环内颗粒按其大小进行的短暂约束，以及在高放大率、小出射光瞳和使用特定滤光片情况下，眼睛远离望远镜光轴移动时产生的错觉。有关土星光环双色性的最终解释有待进一步研究。

## 4.5 光环侧影

土星的恒星运转周期长达 29.5 年，期间，地球轨道与土星环系的平面仅发生两次交叉，时间间隔分别为 13.75 年和 15.75 年。因为土星围绕太阳的轨道是椭圆形的，所以这两个周期的长度不相等。光环在两个时间点侧身朝向我们的视线（$B = 0.0$ 度）。从天文角度来说，这样的事件非常罕见，尤其值得重视。在 13.75 年的周期内，土星环的南面和土星本体的南半球向地球倾斜，此时土星到达近日点。在稍长的 15.75 年周期内，土星穿过远日点，地球上的观测者可以看到光环的北面和土星本体的北半球。土星光环的最近一次的侧翼相对发生在 1995 至 1996 年的冲日时期，当时全世界的观测者整夜都能观测土星。随后的侧翼可见期将发生在 2009 和 2025 年。这两个时期都不怎么特别值得重视，因为土星太接近合日。因此，观测者必须等到 2038 至 2039 年，才能在土星接近冲日时看到土星另一个有利于观测的侧翼可见期。

沿土星光环侧翼方向看去，观测者试图采用不同的孔径确定：在能够被看见的情况下光环方位究竟能够多么近地接近侧翼极限？在短短的一段时间内，星环的视隐没可以发生多次，这是由几种几何方位造成的。首先，地球可能位于光环的平面内，观测者只能看到环的边缘，而且环很薄，即使是最大孔径的望远镜也会暂时与它失之交臂。其次，太阳也有可能位于光环平面内，因此只有环的边缘被照亮。最后，太阳和地球可能位于光环平面的两侧，这导致地球上的观测者只能看到光环能被光照穿过的区域（即前向散射）。

理论预测能够给出侧翼相对的日期和时间，在其前后的几天甚至几个小时，观测者需要拿出更大的设备，孔径约在 31.8 到 41.0 厘米，以便观测土星环系的阳光面。至于光环的暗面，观测者可能在侧翼可见期前后的几天甚至几周内都无法看到(图 4.1)。因此，土星光环在这些时刻的尺度、外观和亮度通常都是不对称的。例如，特别是在光环系统恰好侧翼相对时，亮度的不均匀有时看起来好像光沿着暗环的表面在不断地聚集。

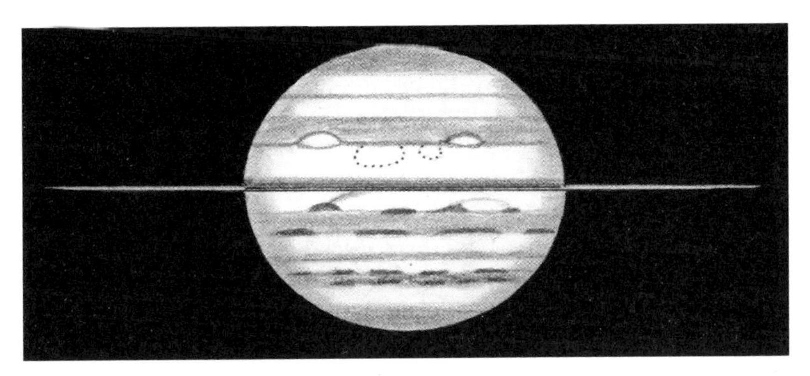

图 4.1　土星光环的侧影。作者于 1995 年 9 月 2 日，世界时 05:30，基于 15.2 厘米孔径 300 倍复消色差折射式望远镜的观测绘制。请注意土星本体两侧光环尺度的差异，这种现象通常由目视观测者在土星侧翼相对时报告。图片源自小朱利叶斯・L. 本顿 / 国际月球和行星观测者协会土星部。

在整个可见期内，估算光环亮面和暗面在距离土星本体不同的距离处的相对亮度值，是一项有意义的工作。由于 B 环的外三分之一（标准亮度参考为 8.0）在环侧翼相对时不可见，观测者必须求助于土星本体表面的特征，一般是赤道亮带，来替代 B 环的外三分之一作为目视相对亮度的参考。比较幸运的是赤道亮带的亮度在除去白斑爆发的情况下一般都是稳定的，它的值是

7.0，可用来作为对比和参照。

土星环系不同位置的亮度与颗粒密度明显成正比；因此，从亮面穿过光环的光与反射光是互补的。换句话说，暗面的亮度与亮面（sunlit side）正好相反。因此，B 环的外三分之一，在光照下若不是光环中最亮的部分，就是最暗的区域。在这种场景中，A 环会变亮很多，而 C 环则是所有环中最亮的部分。土星本体反射到光环上的光很显然会让问题变得更复杂，但这种光源的强度，从根本上讲，应该与土星距离的平方成反比。

在光环的侧翼可见期内，A 环外面那个巨大、昏暗又神出鬼没的 E 环常常引发一些复杂的现象。此时是地球上看到 E 环的好时机，当然要用上大孔径设备并配合良好的观测条件。虽然航天器已经证实 E 环确实存在，但是有些圈子仍在争论能否在地球上用望远镜看到它。

当土星环系的暗面在侧翼可见期内朝向地球时，偶尔会在光环边缘观测到类似恒星的明亮光点。如此，卫星点缀着细线一样的光环，看起来像一颗颗晶莹的泪珠，在地球上层大气湍流的作用下闪烁不停，宛若恒星，美妙无比。

当然，有时即便没有卫星参与，沿着暗环边缘的光珠也会出现，这是由阳光穿过主环缝，照亮了相邻的环结构引起的。光环平面外的环颗粒（多年来一直在地球观测中被怀疑，并最终由航天器证实）也可以在环的侧翼方位从地球上探测到。光环平面外的环颗粒应该类似于环平面上方或下方朦胧的“薄雾”，但来自星体或环本身的强光让这个问题变得很复杂。最后，当环平面穿过太阳时，土卫凌土、掩星、影和食等奇观可以在土星赤道平面内或附近观测到。

## 4.6 影和其他的土星本体、光环特征

### 光环上本体的影（Sh G on R）

该特征在某一可见期中出现在土星背后的某一侧，呈深灰黑色，形状规则。它本应是黑色的，散射光和较差的视宁度条件造成了这种颜色偏离（参见第一章中的图 1.1）。

### 本体上光环的影（Sh R on G）

这一特征偶尔可见，位于环绕本体的光环的北部或南部，呈深灰黑色（阴影出现在环的北部还是南部取决于土星的哪个半球朝我们倾斜），如图 1.1 所示。就像本体在光环上的阴影一样，任何与真实黑影的偏离都是出于上一段所述原因。

### 特比白斑（TWS）

特比白斑是光环上一种偶尔观测到的增亮，出现在土星光环上本体的影子附近。虽然它看起来比本体和土星光环上的所有区域都亮，但只不过是一种对比效应，一种幻觉，而不是土星光环的真实特征。特比白斑的亮度和光环的倾斜度之间有很大的联系。

## 4.7 土星本体和光环掩恒星

光环掩恒星为从地球上探测光环中的“亮度极小”提供了宝贵的机会。恒星从后面穿越土星环系的过程，亮度发生变化，可以揭示出光度的差异。若非此过程，同样孔径的望远镜是无法完成这个测量的。不幸的是，只有设备足够大时才能完成这一工作。需要注意的是，A 环的密度总体上远低于 B 环。例如，15.0 厘米孔径的折射式望远镜可以观测到 A 环掩星中的一颗 7 等恒星（$m_v$=7.0），而 25.0 厘米孔径的设备将受到 8 等恒星（$m_v$=8.0）的挑战。但是，这不应该妨碍观测者使用孔径较小的设备尝试这样的观测，当然用小型设备必然使得观测局限于土星附近的明亮恒星，但很不幸的是，这里很少会发生掩星的现象。尽管如此，观测、记录恒星与行星边缘或环边缘接触的时刻仍具有很大价值。虽然恒星在大多数时候都是不可见的，但是当恒星进入密度较小的区域后会突然出现，并在较小的望远镜中就能看到。记录整个事件的高分辨率数码图像和带“时间标记”的录像带是土星掩恒星和光环掩恒星的宝贵动态记录，也是目视观测工作有价值的补充。

## 4.8 月掩土星

月球偶尔会从土星前面经过。虽然人们对月球遮掩太阳系内天体的科学兴趣有限，但它们通常是值得一看的天文奇观。由于行星圆面的尺寸相当大，土星本体和光环在月球边缘消失和再现的时间要比恒星等点状天体长得多。现在，流行杂志和互联网经常报道月掩土星的预测，观测者因此能够提早制订计划，去观测消失和再现等事件的时间。观测者应尽可能使用与 WWV 时间信号同步的手表或原子钟，对以下现象做记录，时间（世界时）精确到秒：

掩始阶段：

月球边缘最初接触光环边缘的那一秒（即土星开始掩没于月球的后面）

月球边缘最初接触土星本体边缘的那一秒（土星本体开始掩没于月球的后面）

月球边缘最后接触土星本体边缘的那一秒（此时土星本体位于月球的后面）

月球边缘最后接触土星环系边缘的那一秒（光环和土星本体位于月球的后面）

复现阶段：

环系的边缘首次出现在月球另一个边缘的那一秒（土星光环开始从月球后面复现）

土星本体边缘最初出现在月球另一个边缘的那一秒（土星本体开始从月球后面复现）

月球边缘最后一次接触土星本体边缘的那一秒（土星本体完成复现）

月球边缘最后一次接触土星环系外边缘的那一秒（光环和土星本体此时刚好再次全部可见）

月球掩土星事件极为罕见。大多数时候，因为它们的相对位置的限制，观测者只能捕捉到此类事件的初始或最终阶段。用高分辨率数码图像或录像带连续记录月掩土星的部分或全部过程，并与精确的时间信号保持同步，可能是永久记录这类奇观的最佳方式。

# 第五章

# 土星本体和光环绘图

## 5.1 土星绘图的目的和目标

若想训练眼睛检测土星大气中的特征，特别是那些难以捕捉的特征，或者是土星环中的现象，没有比盯着目镜绘制满圆面图像更好的方法了。手绘土星并随附描述性报告，有三个目的：

1. 不断敦促观测者去了解在土星本体和光环上看到或疑有的现象
2. 建立可靠、永久的目视观测记录
3. 帮助观测者锻炼并保持眼睛在视觉极限处感知细微细节的敏感性

精准的绘图对长期观测极其有用，它有助于研究土星常规季节性活动、周期性爆发（例如异常显著的白斑），其他显著的或疑有的现象，以及各种光环结构和相关分离特征的相对可见度。优秀的土星绘图是土星本体上转瞬即逝的亮斑和暗斑的永久文档，可以用来检验不同纬度的自转周期，很有可能，系统Ⅰ和Ⅱ的完整、可靠的星历还有望出现在《天文年鉴》中，就像木星一样。如本书前面所述，土星本体赤道区域（北赤道带纹、南赤道带纹和赤道亮带）的恒星周期（日）为10小时14分00秒，被称为系统Ⅰ，而土星本体其余部分的恒星周期（日）为10小时38分25秒，被称为系统Ⅱ。极地地区主要是南极区和北极区，其恒星周期（日）与系统Ⅰ相同，而系统Ⅲ的无线电发射速率是10小时39分22秒，对应着土星的内核的恒星周期（日）。熟悉和使用过《天文年鉴》的观测者都知道，土星系统Ⅲ的数据已经包括在里面了，但里面提到这个纵向系统仅仅是为了说明土星无线电发射的起源，而且短期内很难将这三个系统都纳入到该杂志中。因此，为了方便观测者查询，国际月球和行星观测者协会和英国天文协会每年都会在其官网上发布系统Ⅰ、Ⅱ和Ⅲ的数据。毫无疑问，要确定土星不同纬度的自转速率还有很多工作要做，特别是监测那些更高纬度的扰动和斑点，这些扰动和斑点持续的时间较长，可发生中央子午线中天。希望土星观测者的不懈努力能说服美国航海历书编纂处（Nautical Almanac Office）在《天文年鉴》中添加系统Ⅰ和Ⅱ的星历。

土星目视绘图的主要目标是确认不常观测到的特征和可疑细节。观测者需要展开大量观测工作，才能确认土星本体和光环的特征。也就是说，除非有几个人同时验证了某晚某个斑点或花纹的存在，否则很难说它是真实存在的。一个系统的同时观测程序至关重要，它能消除观测者的主观性，并能确认观测结果。在该程序中，每一个个体在指定可见期的某一天的同一个时间，独立开展观测。越来越多的观测者参与到了国际月球和行星观测者协会和英国天文协会土星部协调的观测项目中，并努力做着同时观测的工作。这种对行星大气和光环中可变现象的集体观测相应地提高了数据的客观性和可靠性。由于这类国际团体的努力，一个更加完整、清晰和真实的土星图像正在出现。例如，业余观测者已经从目视观测中确定，行星上微弱的带纹不只是偶尔才能看到的——我们已经知道，如果坚持使用适当的观测方法，这些带纹和亮带中微弱、精细的特征就会像主光环结构一样，时常显露出来。观测者还证明，卡西尼环缝和恩克环缝并不是土星光环中仅有的这类特征，因为每年都会在光环结构中看到“亮度极小”。

目视观测还表明，C环不仅可以在环脊上看到，而且可以在行星的本体前方看到，在那里它宛若一条朦胧的黑纱带，被称为暗环。

不幸的是，精准绘制土星及其光环系统比绘制其他行星要困难得多，因为土星本体有相当明显的扁率，而且光环在每一个可见期的倾角都不一样。国际月球和行星观测者协会土星部提供了一系列空白文档，供观测者在观星季绘制具有本体扁率和光环倾角的行星。为了方便起见，本书附录一整套空白图纸（见附录"国际月球和行星观测者协会的表格"），观测者可以复印这些表格，以便配合观测记录结果，并将结果提交给国际月球和行星观测者协会及英国天文协会等协会的土星部。读者还可以登录本书引言中提到的国际月球和行星观测者协会的网站，下载这些表格。每一张表格都包括描绘土星本体及其光环系统的准确轮廓。当选择正确的表格时，应特别注意 *B* 的值，即地球的行星心纬度（土心纬度）与光环平面的夹角（任何日期的 *B* 值都可以在星历中找到，如《天文年鉴》）。当我们在有利的位置看到土星本体和光环系统北面时，*B* 的数值为正（+）；反之，看到土星及其光环的南部区域时，*B* 的数值为负（–）。*B* 可以从 0 度变动到 ±27 度。当 B=0.0 度时，光环侧身正对我们的视线。在 B=±26.7 度时，环张开的程度最大（以其最大角度向地球倾斜），把土星的北半球或南半球及相应的环面、极地最好地展现出来。选取正确的表格后，请在上面输入 *B* 值，然后就可以开始绘制了。

## 5.2 实施绘图

绘制土星及其光环需要遵循一些基本准则。在望远镜旁，开始绘图之前，最好先认真检查一下，以免在最后一刻手忙脚乱。以下是最重要的几点：

一整套粗细不等、硬度不同的铅笔

绘画用的擦笔

干净的橡皮擦和/或粗细不等的擦除笔

红色手电筒（远足者的前照灯将会更方便）

精确的手表，设置为短波无线电波在2.5、5.0、10.0、15.0和20.0兆赫兹下接收到的WWV时间信号，或通过互联网与原子钟对准

在观看目镜之前，先让光学系统的温度自行调整到和环境一样，然后，最好花一些时间在一般的基础上看一看土星。若大气的视宁度和透明度良好，土星呈现出足够的细节，就可以开始绘图了。有时需要等上几个小时，大气条件才能改善，但这也是值得的。如果长时间的等待后还没有改善，写一份报告就可以了。请密切关注土星本体和光环的一般性质，并确保对检测到的任何特征，特别是那些接近视觉极限的特征，在带纹、亮带或光环结构中的显著性和位置是清楚的。即使图像代表了观测者在目镜中真实看到的东西，也要养成用书面注释做补充的习惯，这样可以说明图上所呈现的东西。这一反复的过程使其他人更容易理解观

测者试图在图纸上呈现的内容。

土星图绘制的前期阶段涉及确定带纹和亮带的位置，这需要纬度作为依据。在这个阶段，还应注意带纹和亮带的整体几何外观和实际宽度。具体绘制过程中，最好先轻轻描绘明显的带纹和亮带，并花费足量的时间确定这些特征准确的相对位置和尺寸，毕竟自转并不会改变它们的纬度。然后，遵循相同的方法，开展光环、光环结构及其相关现象的绘制。

鼓励整个绘图过程始终使用相同的目镜，不改变望远镜的放大率。但有时候改变放大率有助于更好地呈现特征或确认其存在，因为它们在较低的放大率下可能有问题。使用已知透光率的滤光片也有好处。最后，请在图纸上认真记录所有使用的设备和配件，以及使用它们的时间。

一旦完成基本部分的绘图，请在表格中输入绘图“开始”的世界时。然后，快速但不失准确地填充图像的细节。用虚线将周围的明亮区域或亮斑衬托出来。记住，要同样重视图纸上显示的所有区域，它们描绘了实际的和相对的外观。常用于绘制月球特征的阴影擦除技术（Shading-erasure techniques），有助于刻画带纹、亮带、光环结构和整体精细特征的相对亮度和色调，并能做到细致、准确。这个阶段的绘图只留有约 20 分钟的时间。因为随着时间的增加，土星自转将会使特征发生扭曲。当完成所有这些步骤后，请对图纸进行最终检查，以确保所绘内容的位置、尺寸和凸显程度都正确，然后记录绘制结束时的世界时。

带状素描图像一般不适用于土星，但如果特征在特定的带纹或带内持续很长的时间，足够用于记录其中央子午线中天时刻，那么条状素描图案将会非常有用。局部素描图像在更高的放大倍率下特别有价值。它能够强调局部现象（如斑块、扰动、花彩、异常着色区域等）。并且图纸上能留出空间绘制局部图案，展现标准中央子午线中天过程。条状和局部素描图像应随附在土星的主绘图中。

观测者应在每张图纸中提供以下辅助数据：

1. 输入观测者的姓名、地址和观测站的位置

2. 输入观测者的纬度、经度和海拔高度

3. 明确指出所用望远镜的规格，包括放大率、所有滤光片和配件

4. 记录目镜的视场方向（理想情况下应为常规倒像天文视图，方向应符合国际天文学联合会惯例）

5. 增加视宁度 $D'$ 和透明度 $Tr$ 的数值（首选定量的评估方法）

6. 输入绘图开始和结束的世界时

7. 从合适的星历中找到并输入系统Ⅰ、Ⅱ和Ⅲ的中央子午线经度

8. 对绘图的准确性和可靠性进行自评

9. 输入星历中 $B$ 的数值

标准化空白图纸有足够的地方来书写辅助信息，一定要在每个绘图中加上充分但简洁、客观的描述。在填写辅助信息时，可以从以下几点入手：

1. 描述与带纹、亮带或光环结构有关的扰动、斑点和其他现象的位置、特征和一般性质。

2. 比较两半球上性质和纬度相似的区域（只要可

以）；例如，将南赤道带纹南与北赤道带纹北进行比较。比较同一半球中相邻或相似的区域（例如，南赤道带纹南与南赤道带纹北）。

3. 对带纹、亮带或光环结构的重点部分进行一般性记录。

4. 记录土星本体上光环影子的一般宽度和范围，以及土星本体在土星环上的影子。

5. 描述光环中任何“亮度极小”的可见性和位置，以及对恩克环缝、卡西尼环缝和基勒环缝的研究。

6. 记录东、西环脊的双色性，注意在相应土星本体的两个边缘是否也能看到类似的效果，注意记录光环中沿方位角方向的亮度不对称。

7. 记录光环侧身相对时的一般外观和性质（当B=0度时）。

8. 如果用集成光（无彩色滤光片）和滤光片进行土星绘图，请在注释中明确使用的所有滤光片，记录在不同波长下图像上出现的增强特征。

9. 报告任何异常或特别重要的情况，尤其是绘图中或局部素描图像上未显示的情况。

10. 参考并引用在绘图当天拍摄的图像（将图像与当天晚上绘制的图像进行比较总是有意义的）。

## 5.3 图像命名和视场定向

土星光环和本体的命名系统（图 1.1）、相关缩写和符号（见表 1.1）都是需要记住的重要术语，这些内容在第一章中已简要讨论过。图 1.1 采用了望远镜的倒像视图（正常天文望远镜视图），南（S）位于顶部，西（W）位于左侧的天空，但土星的书面描述（以及图纸上的指向标）应符合国际天文学联合会标准（见第二章）。这意味着在正常的倒像天文视图中，东方（E）在左（行星上真实的东方），如图 1.1 所示。

回顾一下前面的讨论，A 环是土星光环中最外层的部分，B 环占据了光环系统的中间部分，C 环是最内层的可见部分。恩克环缝和基勒环缝位于 A 环内，而卡西尼环缝位于 A 环和 B 环之间。有一种方便的命名系统，提供了一种准确标识环缝和更精细的“亮度极小”的简单方法，即赋予环缝或“亮度极小”一个大写字母和一个数字。首先，字母表示特征位于哪个环结构中，数字表示特征的相对位置，即从本体向外，特征距离所占环的比例。例如，恩克环缝被命名为 A5[①]，因为它在 A 环中大约一半的位置；而基勒环缝被标识为 A8，它位于 A 环远离土星本体 80% 的位置；同样，卡西尼环缝被标识为 A0 或 B10，因为它恰好位于 A 环和 B 环的交界处。

在望远镜的倒像视场中观测土星时（如第一章图 1.1 所示），在冲日之前，土星本体把影子投射到土星环系的左侧或国际天

① 原著中为 E5 是明显的错误，应该是 A5，译文已改正。——译者注

文学联合会标准的东部；在冲日之后，投射到右侧或国际天文学联合会标准的西部；在冲日时，投影不偏向任何一侧（无影子）。观测者在绘图时应尝试正确地描绘阴影。

视场定向是绘制土星时最重要的事情之一，需要在此重申。在标准天文望远镜中（没有棱柱状天顶镜或其他垂直的镜面装置打乱图像方向），南部的天空方向位于视野的顶部，而西部位于左侧，对应于位于地球北半球天顶和地平线南端之间，天球子午线上的一个场域。随着可见期的结束，一个个观测临近尾声，我看到了很多的实例，在描述性注释和图纸中出现了视场方向的错误，原因是使用了天顶镜。应尽量避免使用任何调整望远镜图像方向的设备，虽然这一定程度上牺牲了观测的舒适度。

请记住，不是所有的天空方向都是国际天文学联盟的卫星和行星公约规定的方向。因此，1961 年国际天文学联合大会通过了一项决议，根据该决议，天文文献中使用的方向必须与观测到的行星上的真实方向相对应。观测者在记录和报告土星观测时，应始终使用国际天文学联合会参考系统，以便统一，如第一章的图 1.1 所示。因此，始终使用国际天文学联盟惯例（顶部为南部，左侧为东）绘制土星的常规倒像外观，绝对不会引起混淆。附录“国际月球和行星观测者协会的表格”中的空白绘图适用于绘制 $B$ 值在 0 度到 ±26.7 度之间的土星，因此，当土星本体的北半球和光环的相应面朝向地球倾斜时，在绘制土星时，必须把表格倒过来(如望远镜中所示),使南方区域位于顶部。空白处还有一个空间，供观测者标识国际天文学联盟约定的方向或天空的方向是否适用。此外，在行星科学中，顺行是从西向东的，在正常的望远镜倒像视图中，特征在土星的本体上从右向左移动。请注意根据国际天文学联合会约定，土星的前导边缘位于西边，后随边缘则在东面。

## 5.4 影响绘图可信度的因素

观测者应清楚影响绘图准确性的几个因素。第一个陷阱被称为重复风格（repetitive style），很容易就可以通过实践绘图形式和技巧来避免。另一个是描绘带纹和亮带边界时的过度锐化，没有一个精确线性、清晰定义的边界可以被目视分辨。为了尽量避免这类问题，观测者在绘制土星带纹和亮带时应该使用相对钝的铅笔。透明度和视宁度的变动也会影响绘图，这一难题最好的解决方法是在视宁度和天空透明度高于平均水平时观测，观测时土星应尽可能高出地平线。

视敏度因个体差异很难衡量和纠正。望远镜的孔径至关重要，设备尺寸一般就决定了可以分辨多少细节。例如，孔径过小一般会得到明显简化的绘图。在其他条件都相同的情况下，孔径较大的设备会分辨出更多的细节问题。在可见期结束时，对归纳不同观测结果的分析员来说，比较小孔径和大孔径设备下绘制的图像是非常麻烦的事情。在评估大气条件时，请务必小心。选择最佳的孔径和放大率，以便产生良好的图像亮度和衬度。在观测记录中记录与个人视力有关的任何异常。尽可能客观地评估绘图结果可以帮助避免这类问题；也就是说，最终图像的可信度应反映出视力缺陷导致的限制。例如，散光是眼睛最严重的视觉缺陷，眼睛有散光的观测者在观测和绘制土星时应佩戴矫正眼镜。

人眼的对比灵敏度一定程度上因人而异。那些对比灵敏度特别差的人绘制的图像常常缺乏细微的色调差异，相反，那些用相同孔径、具有正常对比感知的观测者绘制的图像有更多的复杂细节。在设备确定的情况下，土星上最模糊的特征显然超出对比敏感度特别差的观测者的视觉范围，略微增加孔径和放大率可能对无法看到大气或光环细节的人有效。另一方面，如果观测者的对比敏感度和感知力非常好，他经常会夸大色调的差异，绘制的图像也往往会产生误导。经验表明，如果一个观测者困惑于大量色调差异无法用铅笔来正确呈现，那么他可能具有合适的或接近最优的衬度感知。事实上，当一个人有了观测和绘制土星的经验时，对比敏感度会显著改善，所以新手观测者要有耐心。

颜色敏感度是影响土星绘图的另一个因素。很明显，有些眼睛对特定波长的光特别敏感，对其他波长的光则反应较弱。例如，对蓝色非常敏感的观测者可能会认为土星上的蓝色亮带是土星本体上最亮的亮带；而另一个人可能对黄色光感到更亲切，他会认为黄色亮带更明亮。如果观测者意识到自己在特定波长下具有心理、生理上的颜色敏感性，别忘了在描述报告中记录下来。有色觉障碍的个体不应该进行绝对颜色估计。

有些观测者会在比例方面犯系统性错误，他们绘制出的特征要么相对于彼此过大或过小，要么与土星本体或光环不成比例。如果放大率太低，光照可能会产生暗区看上去比亮区小的效果；而放大率太高，观测者可能会绘制出相对满圆面过大的暗特征或暗区域。绘图过程中也可能出现位置错误，观测者在确定特征相对另一个特征的位置时要小心。在观测前对土星进行模拟绘图并比较结果，可以很容易地纠正或减少比例和位置上的系统误差。

疲劳和注意力分散经常对绘图和数据采集造成严重的影响。在观测前，观测者应休息好。许多经验丰富的观测者把“观前睡眠”的时间调整为预期的观测时间。在观测过程中，还应尽量避免手机和CD播放器的干扰，以便保持注意力的集中，增加对细节的关注。

尽管观测设备和观测方法发展迅速，变得复杂、先进，但基于绘图和描述土星的目视系统（同时）观测仍具有不变的重要性。然而，像任何领域的观测工作一样，绘图方法和技术仍需要不断地检查、批评、改进和发展，以达到尽可能高的准确性。业余目视观测以精心的绘图图像长期开展着，取得的结果毫无疑问是土星及土星环系知识体系的主要部分。尽管最近出现了 CCD 和网络摄像机成像技术，但熟练的观测者绘制的较高质量土星图像将继续成为这颗行星全面的观测计划的重要环节。事实上，人眼在极佳的观测条件下，通过高质量的望远镜，对土星及其壮丽光环的“原始”观测更触动心灵，这些经历无可匹敌。

## 第六章

# 目视光度测量和色度测量的方法

## 6.1 目视相对亮度值评估（目视光度测量）

持续、详尽地记录带纹、亮带和环结构的相对亮度变化为土星大气季节性现象和其他随时间的波动提供了宝贵的数据。土星特征的反照率实际值和相对亮度之间的关系是确定且一致的。因此，观测者有必要制定一套标准程序，使用望远镜定期进行亮度评估。在观测中，当使用 CCD 照相机或网络摄像机完成一系列土星图像的拍摄后，千万不要忘记在同一晚对带纹、亮带和光环结构进行亮度的目视评估。

在过去 30 年里，国际月球和行星观测者协会收集了大量有关土星的数据（涵盖大约一个土星年，相当于 29.5 地球年）。这些数据表明，从一个可见期到另一个，土星本体上不同带纹和亮带的相对亮度很少保持不变。因其 26.7 度的转轴倾角（其自转轴与轨道极之间的夹角），土星在沿其轨道运动时，其半球时而向太阳倾斜，时而远离太阳倾斜。因此，土星为研究季节对太阳系中的带纹和亮带的微妙影响提供了绝佳的机会，毕竟木星没有季节可言。以地球上的标准来看，土星的季节很长，因此，这类观测项目需要耗费很长的时间。好在有相当多的观测数据能够表明微妙季节效应的存在。

在望远镜上系统地估算目视相对亮度值（目视光度测量）时，为了保证结果的一致性，观测者需要统一采用一套合适的参考标准。国际月球和行星观测者协会的相对亮度数值标准是一套不错的参照。该标准的数值序列从 0.0（全黑或在影子里）增长到 10.0（最亮的白色情况），在使用时尽量用精确到 0.1 的精度来衡量土星的特征。在观测土星时，有必要将该标准升级为国际月球和行星观测者协会的土星相对亮度数值标准。该标准采用B环的外三分之一作为参照，除此之外，该亮度标准与上一个是一致的。B环外三分之一是B环中最亮的部分，在集成光（不使用滤光片）下具有8.0等的稳定亮度。因此，当B环清晰可见时，就可以把它当成参照，对大多数可见期内土星本体的特征进行亮度评估。稍加练习，就可以实现一致、客观和准确的亮度评估。但要保证并实现数据长期的可靠性，关键是在观测土星时使用量表。表6.1给出了土星及其光环系统的亮度值，以及用于对比某些特定带纹和亮带亮度的参考。

表6.1　土星目视相对亮度数值标准

| 数值 | 描述说明 | 典型的土星特征 |
| --- | --- | --- |
| 10.0 | 亮白（Brilliant white） | 最亮的特征 |
| 9.0 | 极亮（Extremely bright） | 非常明亮的特征 |
| 8.0 | 高亮（Very bright） | 非常明亮的亮带或B环的外三分之一（标准） |
| 7.0 | 明亮（Bright） | 普通亮带或亮环 |
| 6.0 | 微影（Slightly shaded） | 昏沉带 |
| 5.0 | 昏沉（Dull） | 昏沉带；典型的极地区域 |
| 4.0 | 昏暗（Dusky） | 极地区域；昏暗的带纹 |
| 3.0 | 黑暗（Dark） | 普通的黑暗带纹 |
| 2.0 | 幽暗（Very Dark） | 幽暗的带纹 |
| 1.0 | 极暗（Extremely dark） | 极其暗的特征 |
| 0.0 | 全黑（Completely black） | 阴影 |

在标识特征亮度时，明智的做法是给其指定特定的数值，从而避免对亮度做冗长的口头描述。标准观测表格上有一栏专门用于输入所评估的目视亮度值（见附录“国际月球和行星观测者协会的表格”）。

目视相对亮度数值评估的实际操作过程非常简单。观察目镜中集成光（不使用滤光片）所成的像，把看到的特征（如带纹、亮带、光环结构、阴影等），按照亮度从高到低列到笔记本中。将最亮的特征与参考标准（B 环的外三分之一）进行比较，并赋予它一个相对亮度值。依次对列表中的其他特征(从最亮到最暗）进行相同的操作。在评估和比较过程中注意确保准确。完成的列表应该按亮度从高到低的顺序给出土星本体的特征，将评估值表格转换为标准的土星观测表的形式。遵照相同的过程对环结构的亮度进行估计，并将结果输入进观测表中。遵照处理带纹、亮带和光环结构的方式记录局部斑点和特征的亮度。土星赤道区域附近的几个带纹有时会表现出繁复的结构（例如，南赤道带纹北和南赤道带纹南），为这些带纹结构单独指定亮度。使用相同的方法识别和评估环缝或“亮度极小”。

本书前面的章节介绍了优化对比灵敏度和衬度感知的方法，请尽力使用该方法对相对强度数值进行清晰的解释。请在最佳观测条件下使用合适大小的孔径和放大率来观测，以尽量减少因图像尺寸过小和表面亮度过低而造成的心理因素。

系统误差不可避免，但可以通过找到并量化个人误差来纠正。观测者应尽力确定自己的工作与别人工作之间的差异（这是同时观测项目的一部分），认识到在类似的设备和观测条件下，自己的评估是高于还是低于经验更丰富的观测者的评估。相比，随机误差很难被发现，也很难通过矫正来减少，但是对结果取平均的方法可以将其降到最低。

在土星光环侧身朝向我们时，B 环是不可见的，也再不能作为亮度的参照。此时，观测者不得不转向他处，找一个临时参照点。选择一个临时参考标准的关键是，其亮度随时间的变化波动不大。一般情况下，赤道亮带（亮度值为被设定为 7.0 等）是一个合理的选择，虽然该特征在不同的可见期亮度的变化要比 B 环外侧三分之一区域的更大一些（例如，该亮带内会不时地出现白斑，影响其亮度）。在土星光环达到最小倾角之前，国际月球和行星观测者协会土星部会发出提醒，让观测者知道应该选择哪个区域作为临时的亮度参照，以及赋予该特征多大的亮度值。

国际月球和行星观测者协会的土星相对亮度数值标准已在全世界广泛使用，但一些亮度标准与它有很大差异。在比较不同来源的亮度评估时，产生了出入和混淆。例如，英国天文协会使用的标准与国际月球和行星观测者协会的正好相反，它采用了从 0.0（最亮特征）到 10.0（最暗特征，如影子）的形式，并且没有为土星指定特定的亮度参考点。虽然人们一直努力在国际范围内实现标准化和统一，但是仍然没能制定出适合每一个人的标准。如果条件允许，参与国际月球和行星观测者协会土星项目的观测者都应该采用国际月球和行星观测者协会的标准来提交观测结果。经常为国际月球和行星观测者协会和英国天文协会的土星部提供数据的观测者经验都比较丰富，也都适应了这两份标准。他们经常分别使用两种标准对目视相对亮度数值进行评估。亮度数据在不同标准之间的转换既烦琐又麻烦，尽管有能够顺利完成这项任务的计算机程序。

## 6.2 滤光片技术（目视色度测量）

行星观测者研究土星的另一个更重要的方法是，比较土星大气不同区域内不同波长光（可见光）的反射率。因为，大气在不同区域发出的反射光为研究该区域的物理和化学性质带来了珍贵的线索。

专门的滤光片能透过一定光谱范围的可见光，阻止其他波长范围的光，并且透过光的光谱范围非常确定。在目视色度测量过程中，波长严格确定的滤光片最有用，也最容易使用。这种滤光片极其重要，因为它们能够帮助区分从土星大气不同层次反射的光。它们还是一种改善不同色调区域之间衬度的方法，有助于最大限度地减少因光色散和大气散射导致的图像降质。

伊士曼柯达的雷登滤光片很容易买到，也值得强烈推荐。它们价格低廉，波长精准，颜色稳定，可以保持很长的时间。它们还有多种形式供选择，例如，光学玻璃和明胶膜。第二章中的表 2.1 列出了行星观测者经常使用的雷登滤光片。

我们在第三章已经讨论过，眼睛的视网膜由两种基本类型的光敏神经末梢组成：视杆细胞和视锥细胞。当视杆细胞只对光照强度的变化有反应时，它们负责暗视觉。当视杆的活动与光强的差异有关时，产生昼视觉（明视觉）。相比，视锥细胞对颜色特别敏感，它们负责色觉。在各种光照条件下，视杆细胞和视锥细胞同时活跃，但它们的功能具有显著的差异。

人眼视觉的波谱范围因人而异，一般是从 3900 到 7100 埃，在约 5500 埃（黄绿光）时达到最大视敏度。但随着亮度的降低，最佳灵敏度点向较短波长移动（即向光谱的蓝色端移动）。如前所述，这种奇特的效应被称为柏金赫现象。

眼睛的感色灵敏度受其自身周围环境的影响，比如，物理条件、光的颜色或波长和图像亮度。随着望远镜孔径的增大，图像的视亮度随着放大率的增加相应地被放大，视锥细胞的颜色响应也得到改善。色觉产生于对红色、绿色和蓝色敏感的视锥细胞的综合反应。因此，可以通过主波长接近视锥细胞自然响应波长的滤光片进行观测，并在观测时选用三个视锥敏感波长中的一个。分别采用红色、绿色和蓝色滤光片进行观测，并比较其光强，就能够确定土星上任何可见特征的颜色。因此，使用滤光片对行星特征进行目视相对亮度数值评估非常重要。

前面已提到，滤光片在减少行星大气中散射光产生的影响方面非常有效。蓝色波长的光比其他波长的光更容易受到散射，这会给寻找土星深层大气特征的观测者带来困难。适应了黑暗环境的眼睛对较短波长的光特别敏感，因此，想要看到行星表面细节，使用红色或黄色滤光片滤除大气中的紫光和蓝光就非常有效。以土星为例，土星的大气密度相对较高，使用蓝色滤光片观测到的土星大气特征往往比使用红色或黄色滤光片检测到的多。

滤光片也能够减少大气散射产生的影响。当土星接近地平线时，红色或黄色滤光片能够最大限度地减少图像中固有的杂色（spurious color）。光渗是亮度显著不同的区域之间的一种衬度效应，当图像非常明亮时，分辨率一般都会被削弱。这种情况下，增加放大率通常会提高图像质量，但最好还是使用低透射滤光片或良好的亮度可调偏振镜，而不是随便地增加放大率。

表 6.2　针对孔径推荐的三色滤光片

| | |
|---|---|
| 孔径小于15.2厘米: | W23A（红橙色）<br>W57（绿色）<br>W38A（蓝色） |
| （上述滤光片密度较小，配合较小的孔径使用更有效） | |
| 孔径大于等于15.2厘米: | W25（红色）<br>W57（黄绿色）<br>W47（深蓝色） |
| （上述滤光片密度更高，适用于低倍率或大孔径） | |

行星目视色度测量采用透过率和密度已知的滤光片对亮度数值进行评估。在采用集成光（无滤光片）观测时，应始终首先使用国际月球和行星观测者协会标准的土星相对亮度数值标准，和以前一样，指定 B 环外三分之一的亮度为 8.0 等。在集成光观测之后，不改变放大率，继续使用滤光片进行观测。表 6.2 列出了针对具体的孔径大小推荐的雷登三色滤光片组。

虽然表 6.2 给出了明确的建议，但是当较大望远镜中行星表面亮度相对较低时，最好是使用适合较小孔径的滤光片组。W23A 滤光片将增强红色和黄色特征，同时抑制浅蓝色区域。W38A 滤光片的效果与 W23A 滤光片相反，它使土星上的暗红色或黄色带纹和亮带变暗。W57 滤光片使蓝色和红色带纹或亮带变暗，以此来提高衬度。使用三色滤光片进行比较研究，将会取得非常有趣的结果。

W30（浅洋红色）滤光片一般被称为“通用滤光片”，它在抑制绿光的同时让红色和蓝色波长的光通过，大大提高了对土星上低比度特征的观测阈值。该滤光片有多样性的功能，在观测其他行星上也得到了应用，并获得了有价值的结果。

W82（浅蓝色）滤光片增加了图像衬度，并锐化了该行星上红色和蓝色特征之间的边界，对土星与纬度相关的目视观测非常有用。同时，它不会明显降低图像亮度，也不会影响土星边缘的可见度。

在色度测量的工作中，请小心使用消色差折射望远镜，它很有可能引入杂色，尤其是那些焦距短、孔径大的望远镜（尽管现在有滤光片可以有效地阻止二次光谱的诸多害处）。反射式和折反式望远镜在色度测量方面更好，但前提是它们必须正确对准，并且光学性能良好。在观测条件不错时，较大的光圈产生出更大的视表面亮度，色度测定效果也更好些。最好在视宁度和透明度良好的情况下，让眼睛完全适应黑暗，然后再进行观测，观测时土星应高于地平线约 30 度以尽量减少大气散射的影响。频繁扫视整个视场和整个行星圆面可以提高眼睛感知色调和衬度的细微差异的能力。国际月球和行星观测者协会等提供的标准观测表格有记录颜色数据的要求（见附录“国际月球和行星观测者协会的表格”）。

## 6.3 绝对目视颜色评估

当进行绝对目视颜色评估时,需要将在集成光（未使用滤光片）下感知的土星色调与比色标准进行系统比较，这要求观测者的色觉正常。国际月球和行星观测者协会土星部采用色卡（colored paper wedges）作为标准用于颜色对比。这些色卡可从当地许多艺术用品商店购买。为达到最佳效果，使用一盏小型钨灯照亮色卡，灯光需要经过 W78 滤光片过滤，但这种方法并不是对所有观测者的望远镜都适用。色卡种类繁多，可靠性得不到保证，因此，请咨询国际月球和行星观测者协会土星部以便获取最新的供应商列表。

在记录颜色时，描述应尽量简单明了。表 6.3 中给出的缩写方便在标准观察表上记录简明的颜色信息。若使用表 6.3 之外的非标准颜色缩写，请做好注释，阐明这些缩写符号的含义，这一点非常重要。一些观测者认为用彩色铅笔绘制土星是值得的，这可以代替绝对颜色评估。虽然这些图像很漂亮，但是它们往往会产生误导，并且很难校准。我们一般不建议使用彩色素描，这类工作很难被标准化。

表 6.3　观测土星时颜色的标准缩写

| 颜色 | 缩写 | 颜色 | 缩写 | 颜色 | 缩写 |
|---|---|---|---|---|---|
| 棕色 | Br | 白色 | W | 灰黑 | Gy-Bk |
| 蓝色 | Bl | 黑色 | Bk | 黄白 | Y-W |
| 灰色 | Gy | 橙色 | Or | 红棕 | R-Br |
| 红色 | R | 蓝灰 | Bl-Gy | 红橙 | R-Or |
| 绿色 | Gr | 黄橙 | Y-Or | 橙棕 | Or-Br |
| 黄色 | Y | 蓝黑 | Bl-Bk | 灰白 | Gy-W |

## 6.4 研究土星光环的双色性

土星光环的双色性偶尔会引起观测者的注意，但人们对这一现象知之甚少。在集成光下观测土星，东环脊和西环脊（国际天文学联合会的方向约定）出现不一致的亮度特征，然后轮换使用红色（W23A 或 W25）和蓝色（W38A 或 W47）滤光片也是如此。当土星靠近天顶，类似棱镜色散的影响最小，仍有对这种现象的观测记录。此外，同时观测的结果也相互印证了这种环脊亮度的不一致性，然而在土星本体上面也看不到任何类似的异常。

土星观测者们还定期报告了光环的一个可见疑点，另一种奇怪的变化，即 A 环沿方位角方向的亮度变化和颜色变化。它们和双色性一样会时不时地出现，也与土星本体上的类似现象没有关联（如大气色散异常导致的类似现象）。若 A 环中的颗粒团簇密度高于平均值，当光被其散射时，这种亮度和色调在方位角方向的不对称性就会出现。在集成光下和滤光片中对该现象的相互印证是有意义的。

有趣的是，人们认为这种环的双色性和方位角不对称已在某些观测图像中被捕捉到了。很多人相信它们是真实的现象。这些非常奇怪的现象还无法完全被解释，但它们值得土星目视观测者去做进一步的认真研究。

观测者若想系统地搜寻 A 环中的双色特性或奇怪的方位角方向的亮度变化，可以先采用 CCD 照相机和数码相机或网络摄像机在集成光下对土星进行一番系统寻查，然后使用红色和蓝色雷登三色滤光片组或滤光片对其进行追踪（见表 6.2）。CCD 芯片对红外波长异常敏感，再加上红外波长的聚焦位置与可见光略有差别，通常导致图像的清晰度不够，颜色的饱和度较差，尤其是使用折射式望远镜和折反式望远镜时。插入一个红外阻挡滤光片就可以解决这个问题。该滤光片旋入连接网络摄像机或数码相机与望远镜筒的接口适配器上，方法和其他目镜滤光片一样（CCD 相机和数码相机成像将在第九章中讨论）。当把原始图像数据下载到计算机后，应该将集成光下拍摄的帧和使用红色、蓝色滤光片拍摄的帧进行比较。在计算机屏幕上一边查看图像，一边调整亮度和衬度，可以帮助揭示不同波长中细微的色调差异。这些差异可能为 A 环的双色性或亮度的方位角不对称性提供证据。

国际月球和行星观测者协会土星部提出了一个建议性的策略，可能会有利于检测和量化土星光环奇怪的双色性和 A 环中的方位角亮度不对称性。这项技术涉及 20 世纪 70 至 80 年代使用的“老式”光电光度计，使用分辨率约为 1.0 至 2.0 角秒的孔径，并且采用的是标准约翰逊 UBV 滤光片组（或者仅使用 B 和 V 滤光片）。在土星光环的观测中，这项技术收集的光，能够非常精确地测量亮度。沿着 A 环以 10 至 15 度为间隔进行观测，并用 B 环测量的数据进行校准，并且在一个晚上每隔 20 至 40 分钟进行重复观测。这样的测量可以捕捉到光环的渐进变化，也可能推测出它们围绕土星旋转时的潜在结构。在多个可见期中进行这类常规观测，可能会提供目前正缺乏的定量信息，供理论研究者建立模型。旧的光电光度计相对易于使用，因此，一些人认为 CCD 光度计把它淘汰了，但是它可以在此类项目中重新发挥其在观测天文学中的作用。国际月球和行星观测者协会土星部正在寻找仍然拥有这些老式光电光度计的观测者，希望他们参与这一个长期的项目。此外，专业天文台和大学天文台可能会拥有 20 世纪 70 或 80 年代遗留下来的顶级光电光度计，这是很宝贵的资源。

# 第七章

# 确定纬度和中央子午线中天时刻

## 7.1 测量土星本体特征的纬度

精确测定土星本体上不同带纹的纬度是土星观测者最重要的定量目视研究项目之一。据测量，这些特征的纬度可能会发生周期性的小幅度变化。有观测证据还表明，带纹和亮带的宽度也会随着时间而变化。

确定土星本体上云带纬度的基本方法有四种，使用的设备复杂程度也不同。第一种是绘制图像测量。在观测者多年积累的大量数据中,这些数据占了相当大的比例。该方法成功的关键在于:在标准化绘图图表上正确定位彼此相关的特征，所选图表的 $B$ 值正确，$B$ 值为地球参照土星环平面的土心纬度。经验丰富的观测者能够绘制出大体可靠的土星图像，因此，这一方法操作简单、相当准确。

第二种方法是在高分辨率的土星照片上测量纬度。这种方法的效果好于第一种，但胶片上捕捉到的细节较少，限制了这一方法的应用范围，即使采用大型的望远镜也无济于事。高质量的土星照片一般仅仅显示一两条明显的带纹，其边缘还通常不清楚。原因是，拍摄的曝光时间过长，或者是由胶片的颗粒状乳胶的本身性质造成的。因此,照片上特征的位置难确定,结果往往难统一。

第三种方法是在土星的 CCD 图像和网络摄像机图像上测量纬度( 以及从录像带中捕获、处理的帧上 )。这种方法越来越常用,也更精确，很好地替代了第二种照片测量法。CCD 照相机和网络摄像机拍摄的最佳图像显示了大量的土星细节，并且土星带纹的边缘清晰可辨。我们鼓励有相关基础的观测者使用 CCD 照相机或网络摄像头对土星进行成像，并提交他们的结果，以便后续对维度进行测量和分析。或者，我们真诚欢迎那些乐意独立完成观测并估算纬度数据的观测者；这为部门协调员（如作者）节省了大量时间，否则他们必须亲自去获取、分析大量的图像，并且还要准备一份用于发布的观测报告。

第四种测量土星纬度的方法是使用动丝测微计。该方法要求刚硬的装置和精确、可靠的转仪钟，并带有变速跟踪功能。动丝测微计既昂贵又难买到，除此之外，这种方法还要求较大的孔径，以便能产生较大、尖锐、明亮的土星图像。良好的观测条件能够保证带纹边缘清晰可见，是精确测量不可或缺的因素。如果观测者恰好拥有动丝测微计，那么只要观测条件允许，就可以采用这个既好用又准确的方法。

第一种和第三种方法是这四种方法中最常用的。完成初始观测后，下一步是计算带纹边沿的偏心（平均）纬度、行星中心纬度和行星面纬度，对内嵌带纹和亮带等特征也进行同样的计算。在计算过程中，土星的中央子午线是纵向的标准参考点。

用 $X_n$ 表示特征到中央子午线的北端（在土星的边缘上）的测量距离，用 $X_s$ 表示特征到中央子午线的南端（在土星本体另一个边缘上）的测量距离，距离的单位没有指定，则通过方程式 7.1

$$y=\frac{1}{2}(X_s-X_n) \quad (7.1)$$

对于圆面中心以北的特征或带纹的边沿，$y$ 值为正（+），而对于圆面中心以南的特征或带纹的边沿，$y$ 为负（–）。若用 $r$ 表示测量出的土星的极半径，单位与 $X_n$、$X_s$ 和 $y$ 相同；$R$ 表示该土星的赤道半径与其极半径的比值，其值为 1.10；$B$ 表示地球的土心纬度，即土星轴朝向地球的倾斜角度。如前所述，$B$ 可以在合适的星历中找到；$B'$ 表示太阳相对于光环平面的土心纬度。那么土星特征的偏心（平均）纬度 $E$ 由等式 7.2 计算

$$\tan B' = R \tan B \qquad (7.2)$$

其中，当土星北半球朝向地球时，$B$ 和 $B'$ 为正（+），则有等式 7.3

$$\sin(E - B') = \frac{y}{r} \qquad (7.3)$$

特征或带纹边沿的行星中心（土星中心）纬度 $C$ 由等式 7.4 得出

$$\tan C = \tan \frac{E}{R} \qquad (7.4)$$

而特征的行星面（土星面）纬度 $G$ 可通过等式 7.5 给出

$$\tan C = R \tan E \qquad (7.5)$$

偏心（平均）纬度 $E$ 始终接近行星中心纬度和行星面纬度的算术平均值，如等式 7.6 所示

$$\frac{C+G}{2} = E \qquad (7.6)$$

多年以来，针对土星，人们一般只计算行星中心纬度，因为

他们普遍认为土心纬度与地球上的观测者更相关。相比较而言，对木星观测者来说，行星面纬度可能更熟悉，不过，通过适当的方程计算，很容易将其应用在土星的特征上。土星带纹边沿或特征的偏心（平均）纬度的正弦是地球在行星赤道上方所占行星极半径的比例。此外，偏心纬度的余弦与土星赤道半径的乘积就是该纬度的自旋半径。现在的标准做法是计算土星带纹边沿所有的三个纬度，以及带纹和亮带内分离特征的三个纬度。因为它们都有潜在的科学价值。

上述四种方法各有优缺点，观测者的偏好很大程度上取决于观测设备和经验。然而，在过去的 30 年中，国际月球和行星观测者协会土星部还采用了第五种确定土星纬度的技术，它有时被称为哈斯技术，以沃尔特 · H. 哈斯的名字命名。他是引入并完善该方法的观测者，同时又是国际月球和行星观测者协会的创始人和名誉主任。

第五种方法是一种纯目视方法，直接在目镜上操作就可以。该方法只需通过目镜观察，在中央子午线上估计目标带纹或特征所在极半径的分数。首先测量 $y$ 值，即圆面中心到目标特征的距离（向北时取 +），然后除以圆面中心到南（北）边缘的距离 $r$。圆面中心一般参考光环系统的对称性来确定。很明显，$y/r$ 的最大值是 1.0。将比值 $y/r$ 的估算精度尽可能提高到 0.01。一旦直观地确定了该比值，就可以使用前面介绍的方程来计算特征的纬度。国际月球和行星观测者协会土星部还开发了计算机程序，能够用 $y/r$ 的估算值快速计算各种纬度。需要该程序副本（可通过 IBM 磁盘或电子邮件附件方式获取）的观测者可以联系作者获取。

一旦深刻理解了该方法，再经过多个可见期的训练，这种目视技术也可以获得极其可靠的纬度估计值。当掌握目视估算程序后，观测者可以应用个人方程（personal equation）与他人的结果进行比较，以确定自己结果的正确性。这项技术非常好用，在短时间内就能完成大量准确可靠的估计。此外，当照片拍摄不好，整体特征模糊不清时，该方法也能取得成功。为了增强所估计特征的目视衬度，强烈建议使用 W82 滤光片。它既能锐化带纹边沿，又能很好地区分紧邻的浅蓝色和浅红色的特征。

将目视观测中获得的 $y/r$ 比值记录在国际月球和行星观测者协会土星部门提供的标准观测表格中，随后再一起完成亮度、色度和纬度的估计、推导，并将其记录在表格中。

## 7.2 中央子午线中天时刻

有时可以在土星本体上的带纹和亮带中看到分离的细节。这类现象类似于木星大气中的特征，尽管远不如它们明显。带纹的喷射或附属结构有时会扩展到临近的亮带中，形成延展的花纹或亮斑，是土星上最常被记录的大气现象。这样精细的细节相对较少，即使存在，也只有通过中等大小孔径的望远镜才能看到。因此，若观测者的目的仅仅是对这些特征进行研究，并不建议使用小于约 15.2 厘米孔径的望远镜专门对其进行观测。尽管如此，当土星本体上出现显著又持久的斑点或扰动，并且这些特征能在 CCD 相机或网络摄像机图像上可见或显示时，中央子午线中天就非常重要。土星普遍缺少持久的细节特征用来确定中央子午线中天时刻，特别是在高纬度地区，所以土星上不同带纹或亮带所在纬度的自转周期没有被准确确定下来。

特征随着行星自转（按照国际天文学联合会约定，从西到东），在简单的倒像视图（从地球北半球观测）中，从右到左逐渐穿过土星本体，在不同的时刻穿越中央子午线。准确记录每个中央子午线事件的时刻很有意义。此外，可以肯定的是，土星和木星一样至少有两个自转系统。然而，还需要更客观、确凿的证据来证明它在不同纬度上的这种自转差异。

有些特征可以追踪近一个月，而中央子午线中天在短短的一分钟内就能完成。对这些特征进行观测会得到很有价值的结果。研究表明，土星赤道区的自转周期是 10 小时 14 分钟 13.0 秒，这意味着土星在 71.5 小时内大约发生 7 次旋转，因此，从发现特征的那一刻起，3.0 天内可以记录不止一次的中天时刻（如果特征没有消失）。这一自转速率对于短暂的现象是相当确定的，这成了土星的一个特性。它们出现的区域称为系统 Ⅰ，包括北赤道带纹、南赤道带纹和赤道亮带，还包括定义模糊的赤道带纹。

系统 I 以北和以南区域的自转周期是 10 小时 38 分 25.0 秒。不难预测在第一次中央子午线中天后 3.0 天左右，特征将在约 74.3 小时后再次返回到中央子午线处。国际月球和行星观测者协会土星部的命名系统将这些区域称为系统 Ⅱ。土星 10 小时 39 分 24.0 秒的内部自转周期是基于无线电发射的周期性来确定的，被称为系统 Ⅲ。但这个无线电速率对目视观测者来说并不是关注的重点。

多年来，人们一直致力于确定土星各纬度的自转周期，这促使《天文年鉴》每年都公布全面的土星中央子午线经度（见第五章）。木星的此类信息也在此类杂志中发布，但对于土星，该杂志只有系统 Ⅲ 的数据。为了方便观测者查询，国际月球和行星观测者协会和英国天文协会等组织目前在其官网上发布系统 Ⅰ、Ⅱ 和 Ⅲ 的数据。就某个指定的观测夜晚，这些数据能够预测土星特征重回中央子午线的时刻，前提是特征能够维持足够长的时间。各类星历表中给出一年中每天世界时 0 时的时刻，系统 Ⅰ、Ⅱ 和 Ⅲ 在照亮（可见）面的中央子午线经度。结合相位、光行时（light time）和地球的行星中心坐标系纬度的矫正，得出系统 Ⅰ 经度变化是基于 844.0 度 / 天（或 10 小时 14 分 13.0 秒）的精确恒星自转率。接着，将其转化为与国际天文学联合会标准一致的自转速率为 844.3 度 / 天（10 小时 14 分 00.0 秒）。系统 Ⅰ 用于指称北赤道带纹、南赤道带纹和赤道亮带中的特征。系统 Ⅱ 用于指称土星本体上除北极区和南极区以外的其他区域，它的自转速率被确定为 812.0 度 / 天（或 10 小时 38 分 25.4 秒）。极地地区主要包括北极区和南极区，一般认为它的自转速率与系统Ⅰ的相等。同样，这些速率的精度由影响纬度的不确定因素决定。然而，在大多数情况下，从表中得出的经度多数会有较小的浮动。

选择两个系统中合适的一个，通常会对大多数短暂的特征产生较小的漂移率。尽管如此，土星特征的自转速率还是高度可变的，观测到的周期从 10 小时 2 分钟（在赤道处）到 11 小时 3 分钟不等（行星中心纬度 57.0 度处）。最近，凭借无线电发现的系统Ⅲ的自转速率为 10 小时 39 分钟 22 秒（810.8 度 / 天），它与系统Ⅱ的自转速率非常接近，但这只是巧合。

回顾一下，前面有确切的证据表明土星有多个自转速率。所以观测者应结合纬度进行估计或测量，尽力获得持久的特征的中央子午线中天的时刻，以便更好地理解土星的自转和大气环流模式。

这里有必要给出示例，用刚才讨论的星历数据计算系统Ⅰ、Ⅱ和Ⅲ的中央子午线值。假设在南赤道带纹南观测到一个亮斑，它的中心在 2004 年 5 月 15 日，世界时 9 时 57 分穿越中央子午线。由于南赤道带纹南位于系统Ⅰ中，我们从星历中获取以下数值（本例中，我们从网上查找并使用国际月球和行星观测者协会提供的土星中央子午线经度）：

表 7.1　示例

| | | |
|---|---|---|
| 2004年5月15日，世界时0时，系统Ⅰ的中央子午线的经度 | | 347.4度 |
| 加上系统Ⅰ中央子午线移动的经度 | 09小时 | 316.6 |
| | 50分钟 | 29.3 |
| | 7分钟 | 4.1 |
| 2004年5月15日，世界时9时57分，系统Ⅰ的中央子午线的经度 | | 697.4度 |
| 减去360度 | | −360.0 |
| 结果 | | 337.4度 |

当数值大于 360 度时，应减去 360 度，并且将时刻四舍五入，结果保留到小数点下一位。在计算给定日期和时间的中央子午线经度时，为了便于使用合适的星历表，表 7.2 列出了系统 I、Ⅱ和Ⅲ在相等时间间隔内土星中央子午线移动的经度值。此外，当知道土星本体某个特征的经度后，观测者就可以利用星历表和表 7.2 来预测它下一次穿越土星中央子午线的时间。若特征持续的时间足够长，连续的中央子午线中天有助于确定特征在自转中相对于带纹或亮带是向前漂移，还是落后于自转。请记住，系统 I 的经度在接近 3.0 天的时间内重复一次，系统Ⅱ的经度重复一次的时间间隔也大致相同。

表 7.2　土星中央子午线经度在相等时间间隔内移动的量

| 时(h) | 度 | 分(m) | 度 | 分(m) | 度 |
|---|---|---|---|---|---|
| 系统Ⅰ(北赤道带纹南、赤道亮带、南赤道带纹北) | | | | | |
| 1 | 35.2 | 10 | 5.9 | 1 | 0.6 |
| 2 | 70.4 | 20 | 11.7 | 2 | 1.2 |
| 3 | 105.5 | 30 | 17.6 | 3 | 1.8 |
| 4 | 140.7 | 40 | 23.5 | 4 | 2.3 |
| 5 | 175.9 | 50 | 29.3 | 5 | 2.9 |
| 6 | 211.1 | 60 | 35.2 | 6 | 3.5 |
| 7 | 246.3 | | | 7 | 4.1 |
| 8 | 281.4 | | | 8 | 4.7 |
| 9 | 316.6 | | | 9 | 5.3 |
| 10 | 351.8 | | | 10 | 5.9 |
| 系统Ⅱ(系统Ⅰ以北和以南的区域) | | | | | |
| 1 | 33.8 | 10 | 5.6 | 1 | 0.6 |
| 2 | 67.7 | 20 | 11.3 | 2 | 1.1 |
| 3 | 101.5 | 30 | 16.9 | 3 | 1.7 |
| 4 | 135.3 | 40 | 22.6 | 4 | 2.3 |
| 5 | 169.2 | 50 | 28.2 | 5 | 2.8 |
| 6 | 203.0 | 60 | 33.8 | 6 | 3.4 |
| 7 | 236.8 | | | 7 | 3.9 |
| 8 | 270.7 | | | 8 | 4.5 |

续表

| 时(h) | 度 | 分(m) | 度 | 分(m) | 度 |
|---|---|---|---|---|---|
| 9 | 304.5 | | | 9 | 5.1 |
| 10 | 338.3 | | | 10 | 5.6 |
| 系统Ⅲ(发射无线电波的区域) | | | | | |
| 1 | 33.8 | 10 | 5.6 | 1 | 0.6 |
| 2 | 67.6 | 20 | 11.3 | 2 | 1.1 |
| 3 | 101.3 | 30 | 16.9 | 3 | 1.7 |
| 4 | 135.1 | 40 | 22.5 | 4 | 2.3 |
| 5 | 168.9 | 50 | 28.2 | 5 | 2.8 |
| 6 | 202.7 | 60 | 33.8 | 6 | 3.4 |
| 7 | 236.5 | | | 7 | 3.9 |
| 8 | 270.3 | | | 8 | 4.5 |
| 9 | 304.0 | | | 9 | 5.1 |
| 10 | 337.8 | | | 10 | 5.6 |

当特征位于行星东、西边缘正中间的时候，估计此时最近邻的一分钟，作为中央子午线中天的时刻，这是最简单的方法。时间通过收听 WWV 或 CHU 时间信号（或将灵敏的数字手表与它们对准）或参考原子钟获得，要以世界时来表示。图 7.1 给出一个估算中央子午线中天时刻更准确的程序，涉及三个独立的时刻估计：

1. 记录特征东边缘正好位于土星中央子午线的西侧或前导边缘的最后一分钟（世界时）。

2. 当特征中心位于中央子午线上时，记录最后一分钟（世界时）。

3. 记录特征的西边缘正好位于行星中央子午线的东侧或后随边缘的最后一分钟（世界时）。

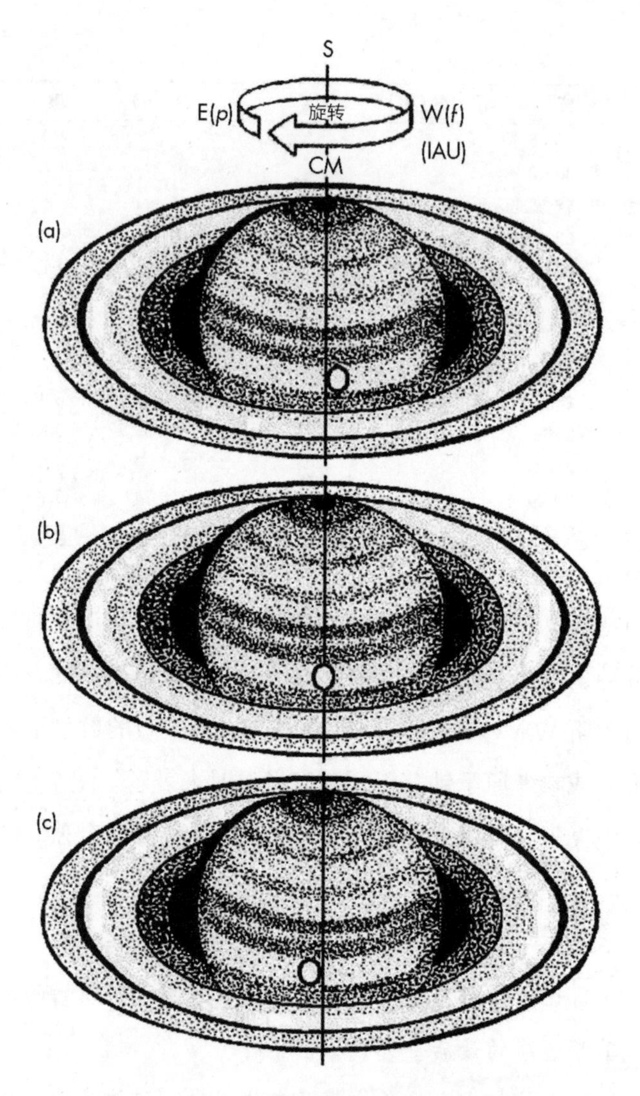


图 7.1　在望远镜倒像视图中，一个假想的特征穿越土星的中央子午线。三种计时如下：（a）特征斑点精确位于中央子午线的西侧或前导边缘时的世界时；（b）特征斑点精确位于中央子午线的中心时的世界时；（c）特征斑点位于中央子午线的东侧或后随边缘时的世界时。完成这三个估计，可以极大地增加中央子午线中天时刻的价值。图中显示了土星的旋转方向和常规的国际天文学联合会约定的参考方向。图片源自小朱利叶斯·L. 本顿 / 国际月球和行星观测者协会土星部。

在确定特征中央子午线中天时刻的同时，对视宁度和透明度进行数值评估，评估的程序、设备因素等在本书前面已做讨论。至关重要的是，描述观测到的特征，测量标记的纬度（或标记所在的带纹或亮带的纬度），画出局部素描图像强调特征的形态。国际月球和行星观测者协会土星部的表格可以帮助有效地记录上述数据。如果用于计时的特征是在数码图像上捕获的，请单独复制一份，并用软件（如 Adobe Photoshop）在上面插入箭头标出该特征。

国际月球和行星观测者协会土星部一旦接收到特征的中天数据，并且中天时刻的数量够用，就可以从特征漂移的图上确定单个斑点和扰动的自转周期。然而，土星本体上的分离特征极少能够持续足够的时间，满足测定给定纬度自转速率的要求。当某个斑点和扰动在这颗行星上反复出现时，它们的中央子午线中天时刻是极其宝贵的。

观测者还可以参考附录“国际月球和行星观测者协会的表格”，里面包含一份表格样本，用于记录土星本体特征的中央子午线中天时刻的观测值。靠近观测值记录的空白处，用于绘制该特征的局部图像。

## 第八章

# 观测土星的卫星

土星至少有 33 颗已知的卫星相伴，其中 8 颗卫星用业余级天文望远镜就可以看到。但是观测它们并不容易，起码比预想的要难，因为它们本身就很暗，亮度还与土星本体和土星环系非常接近。另外，土星的距离和光环平面的倾角相对于我们不断变动，也降低了土卫的可见性。采用内置挡条（occulting bar）的目镜可以增加探测到土星卫星的机会，它可以将土星本体和光环遮挡起来。每隔 13.75 年和 15.75 年（见第四章），观测土星卫星的最佳时机就会出现，此时土星光环与我们侧翼相对，并从视野里消失。

就目视星等而言，土星的许多卫星有较小的亮度，主要是由于它们不断变动的轨道位置和分布不均的表面特征。即使航天器近距离地观测也没能确定这些卫星亮度变化的本质和幅度，这些都需要进一步的研究。表 8.1 列出了一些土星卫星的基本参数，中等孔径到大孔径的设备更容易获取这些参数。表中的卫星对地球上的目视观测者更具有实际的观测意义。

土卫一很难被捕捉到，除非在大距处（即从地球上看，土星卫星在土星以东或以西的最大目视距离处）。25.4 厘米孔径的望远镜在最佳条件下也有可能观测到土卫一，但是一般在更大的孔径中才能清晰可见。观察土卫二的望远镜孔径至少要有 15.2 厘米。土卫三和土卫四在大距附近达到最亮（就像土卫一一样），一般用 10.2 厘米孔径的望远镜就可以看见它们。西大距的土卫三通常比东大距的亮，相反，东大距的土卫四更亮些。用 7.5 厘米孔径的望远镜就可以看到土卫五。如果观测者知道土卫六相土星所

表 8.1　适合目视观测的土星卫星

| 土星较亮卫星的代码和名称 | 平均视直径（角秒） | 平均冲距时的视星等（$m_v$） | 幅度 |
|---|---|---|---|
| S1 土卫一 | 0.15 | 12.10 | ? |
| S2 土卫二 | 0.13 | 11.77 | ? |
| S3 土卫三 | 0.28 | 10.27 | 0.25~0.50 |
| S4 土卫四 | 0.27 | 10.44 | 0.25~0.50 |
| S5 土卫五 | 0.35 | 9.76 | 0.25~0.50 |
| S6 土卫六 | 0.70 | 9.39 | 0.24~0.60? |
| S7 土卫七 | 0.10 | 14.16 | ? |
| S8 土卫八 | 0.28 | 9.5~11.0 | 1.50~2.00 |

处的位置，7 × 50 的双筒望远镜就可以看到它。观测微弱的土卫七的望远镜孔径可能在 15.2 厘米左右。土卫八的最大亮度出现在西大距，此时，它甚至比土卫五还亮，用 7.5 厘米的孔径就可以看到它。然而，土卫八在东大距的目视星等下降许多，因此，想要在这个位置看到它，就要拿出一台 15.2 厘米孔径的望远镜。今天我们从飞掠的航天器得知土卫八亮度差异巨大的原因，即明亮的后随面（在西大距处，从地球最容易看到）有大量明亮的水冰，而前导半球（在东大距处转向我们的视线）丰富的水冰被黑色碳质沉积物覆盖。

## 8.1 评估卫星星等

尽管CCD测光（CCD photometry）已经取代了土星卫星的目视星等评估，但目视观测者仍然可以做出有意义的工作。当土星经过具有精确星等的恒星附近时，通过与该校准亮度的标准恒星进行比较来评估,这是在目镜中估计卫星视星等最可靠的方法。美国变星观测者协会提供了可靠的参考星图。然而,很不幸的是,土星很少穿过美国变星观测者协会的标准星图所覆盖的区域。因此，观测者通常还会使用一些更流行的星图和星表，这些星图包含暗星和可靠的星等数据，用来对卫星星等进行估计。优秀的计算机星图也越来越受欢迎，它可以精确绘制土星穿过参照星所在区域的路径，以比较星等的估计。另一个参考方案关涉土星最亮的卫星土卫六。与其他土星卫星相比，它的视星等波动较小（见表8.1）。因此，当找不到其他星体作为参照时，最后可以选择土卫六，用它的星等8.4等作为比较的标准，毕竟它的变化幅度不明显。

理想情况下，在土星卫星的目视光度测量过程中，首先要选择两颗恒星，它们需要有公认的星等，并且有与该卫星大致相同的颜色和亮度。确保一颗恒星略暗于卫星，而另一颗略亮于它，恒星之间的星等差约为1.0。这有助于将两颗参照星之间的星等差划分为间隔为0.1的等步长星等等级。接下来，只需将卫星与暗星和亮星之间的标尺进行对比，就可以估计它的视星等了。例如，假设一颗卫星看起来只比星$S_1$暗一点，却比星$S_2$亮得多一些。比如，它比星$S_1$暗约0.3，因此，比星$S_2$亮0.7，则观测结果如下

$$S_1(0.3)V_{os}S_2(0.7)$$

其中，$V_{os}$ 表示卫星尚未确定的视星等。如果星 $S_1$ 和星 $S_2$ 的星等分别为 9.2 等和 10.5 等（根据星图和星表确定），则卫星星等的推导过程如下：

已知：　星 $S_1$ 的视星等 $m_v$ 是 9.2 等

　　　　星 $S_2$ 的视星等 $m_v$ 是 10.5 等

计算：　$S_1-S_2$，即，$(9.2)-(10.5)=-1.3$

　　　　$S_2-S_1$，即，$(10.5)-(9.2)=1.3$

计算：　用 1.3 乘以卫星比 $S_1$ 暗的部分占比，即，

　　　　$(1.3)(0.3)=0.39$

求和：　用 0.39 加上 $S_1$，即，$(0.39)+(9.2)=9.59$ 或 9.60（四舍五入）

结果：　9.6 $m_v$（估算出的卫星的星等）

在观测记录过程中，要记录下参照星，并确保准确识别要评估的卫星，这很关键。观测表中还要记录好附带信息，包括评估时的世界时、土星超出地平线的高度、视宁度和透明度、望远镜孔径和放大率、所使用的滤光片以及观测的地点。按照《天文年鉴》等杂志中列出的说明来识别目镜中的卫星，会相对容易些。现在，一些流行的天文杂志，如《天空与望远镜》（*Sky and Telescope*）和《天文学》（*Astronomy*）都发布了寻星图，可以精确确定某天某时卫星的位置。这些卫星位置还可以从国际月球和行星观测者协会及英国天文协会土星部的官网上查找。

有些观测者会经常使用 CCD 相机（灵敏度足够高）对土星

及其附近的参照星进行成像，结果作为目视观测和星等评估的佐证被永久记录。卫星某日某时相对于土星的位置显示在图像上，很有必要将它与星历表的预测进行对比，并反复检查，以确认其身份和位置。然而，必须认识到，CCD 图像上卫星和参照星的亮度并不是它们在目视印象中的亮度，因为 CCD 芯片的峰值响应波长与眼睛的不同。

光电光度计对土星卫星的测量有一定的帮助。然而，由于土星卫星相对于土星本身而言要暗得多，因此，采用光度计对卫星进行测量也很有难度。此外，还需要复杂的技术对土星及其光环周围的散射光进行矫正，若详细论述这个问题的话就超出了本书的范围。对这项专业工作感兴趣的读者可以联系国际月球和行星观测者协会及英国天文协会等组织的土星部，去获取进一步的指导和最新的文献资料。

## 8.2 卫星凌土、卫影凌土、掩和食

当土星光环接近侧翼相对时（$B$ 值在小于 ±4.0 度的范围内），是观测土星赤道面附近卫星凌土或卫影凌土的最佳时机。这些现象类似于木星的伽利略卫星经常出现的现象。此时还会发生土星掩星、土星食，以及土星卫星之间的相互现象。孔径小于 30.5 厘米的望远镜一般很难看到这类与土星卫星相关的现象，但土卫六除外。它凌土时的圆面直径约为 0.6 角秒。使用大型望远镜从地球上是否可以看到其他卫星的卫影凌土，仍然存在争议。也许其他卫星个头太小，无法向土星本体上投射影子。

卫星间的相互现象是两颗或多颗卫星的近距离穿行或发生掩星，主要涉及的卫星有土卫三、土卫四、土卫五和土卫六。例如，一对卫星首先接近彼此，在图像中结合在一起，显示为一个棒状星体，然后彼此分开，成为单独的星体，这个过程未达到掩星状态（即一颗卫星恰好位于另一颗卫星的前面）。这里值得注意的是其亮度的波动。两颗卫星对接后呈现未分化的状态时，其亮度是两个星体亮度的叠加，此时的“单个星体”比两个单独的卫星都亮。当真的发生掩星时，一颗卫星直接穿过另一颗卫星，其整体的星等在两颗卫星重叠时减小。两颗卫星结合的棒状状态与恰好发生掩星时它们的亮度有明显的差异，应当将其记录下来。这里的亮度是参照附近区域已知视星等的恒星进行估计的，也可以参照置身这一相互事件之外的其他卫星。用录像带记录这些有趣的过程，或者用数码相机和网络摄像头获取它们的序列图像，尤其有意义。

当土星光环位于或接近侧翼相对时，有关卫星凌土、卫影凌土、掩和食以及卫星间的相互现象的预测都能在专业的杂志中找到，如国际月球和行星观测者协会杂志，也可以从国际月球和行星观测者协会或英国天文协会的土星部门官网或互联网上获取。然而，预测可能存在很大偏差，最明智的做法是在事件发生的预测时间之前就开始观测。立即向国际月球和行星观测者协会或英国天文协会土星部发送卫星入凌、中央子午线中天、出凌时刻的世界时，或者卫影在土星环边缘穿过土星本体时的世界时，时间精确到秒。卫星亮度评估，影子以及背景带纹和亮带的信息也有用处。在精准的时间间隔内，对事件发生的对应区域的图像绘制尤其有用。用高分辨率数码相机留下这些现象的影像，并用录像带记录整个事件的顺序也非常重要。需要指出的是，在土星的29.5年轨道周期内，星环侧翼相对的时间非常短暂，希望观测者能够利用好这一难得的机会，记录与卫星有关的现象。当环沿着侧翼方向时，眩光减少，卫星星等的估计变得容易很多，此时，亮度偏差是卫星与行星之间的视距离的函数。

对土星卫星上的特征的目视观测超出天文爱好者的观测范围，不过土卫六可能除外。辨识土卫六红橙色圆面需要超大孔径望远镜和接近完美的观测条件。即便如此，土卫六浓厚的大气还是阻挡了大部分信息。难怪很少有观测者使用超大孔径望远镜来观测土卫六上的现象。然而，装备允许的观测者可以参加一些专业—业余联合项目，我们现在就讨论这些。

## 8.3 土卫六的专业观测

土卫六是一颗充满活力的卫星，它的上面既有转瞬即逝的变化，又有长期缓慢的变化。浅红色甲烷烟雾发出 3000~6000 埃波长的光，主导着土卫六的颜色，而当波长超过 6000 埃时，其光谱中出现多条很深的甲烷吸收峰。这些甲烷峰之间的其他光谱区是探测土卫六低层大气和表面的“窗口”。在这些窗口波段，使用光度计或分光光度计进行日常监测，来展开对土卫六云和表面的研究是有意义的。国际月球和行星观测者协会及英国天文协会的土星部一直在积极收集土卫六的常规光谱，这是一个有意义的专业—业余合作项目。对土卫六断断续续的观测一般是在大型地面设备中进行的，越来越多的航天器也加入其中。并且，我们对天文爱好者采用其设备进行的良好系统观测一直都有需要，特别是当他们使用吸收甲烷的滤光片进行成像时。此外，对土卫六其他地区坚持跨越多个可见期的长期观测，可以帮助解释它的季节变化。我们鼓励有装备条件的观测者参与这一既有趣又有意义的项目。

另一个专业—业余合作项目是对土卫六进行系统的长期红外线成像。有装备条件的观测者也可以积极参与其中。这项工作的顺利实施，将会给地面专业观测和对土卫六云层的航天器观测带来有力的补充，具有巨大的价值。观测时，需要使用至少 31.8 厘米孔径的望远镜，并且进行至少 1 小时（但越长越好）的持续观测。使用机器人望远镜（robotic telescopes）对于这样的项目是一项优势，但不是必不可少的。该技术在天气允许的情况下定期对土卫六进行成像，曝光时间是 10 秒，滤光片采用一对窄带通红外滤光片。滤光片组包含滤光片的直径为 12.5 毫米、25.0 毫米和 50.0 毫米，有两个带宽为 100 埃的良好通带，一个中心波长在 7500 埃，另一个在 7947 埃，它们有效地抑制了其他无用的波长。它们唯一的缺点是价格非常昂贵（每个 250 美元），但是对这项工作起着关键作用。一个滤光片只能“看到”土卫六最上层的云层，而另一个可以深入它的大气。虽然是在红外波段成像，但可见波段观测行星的场景类似。也就是说，一些滤光片可以深入到土星的表面或其大气的不同高度，而有些就不能。在红外波长下，土卫六的上层大气没有明显变化（或者说变化发生在超过几年的时间尺度上）。因此，这两个滤光片亮度读数之间的比值立即就能反映土星表面或深云区的亮度是否发生了变化。单次 10 秒的曝光会导致大量噪声，但对土卫六进行长时间成像后，根据这些数据构建一个单一的亮度比，就能产生最佳的结果。航天器只能在飞掠土卫六期间进行观测，大型地面望远镜只能进行间歇性的观测，相比，有一组观测者每晚观测是一个巨大的优势。这样一个项目最大的限制是天气条件，不能保证每晚都能进行观测。但是，天文爱好者组成了一个大型观测网络，解决了这个问题，提高了连续记录的可能性。一个分散在不同经度上的团队可以相互协作，寻找时间尺度小于 1 天的变化，并能帮助确认土星光响应曲线的偏离是周期性的这一猜测。当这些变化发生时，对土卫六进行这类成像有助于探明其南极的爆发云，这类事件经常被怀疑。有合适装备的高级观测者，绝对应该考虑参与这项有意义的研究项目。

# 第九章

# 土星和土星环系成像入门

经验表明，眼睛在或接近视觉极限时解释行星现象很不可靠，无论目视观测者多么训练有素，多么经验丰富，都无济于事。经验丰富的目视观测者都承认不可能完全客观地描述在土星表面和大气中看到或疑有的精细对比和图案，也不可能完全客观地推断不同特征的绝对颜色。目镜中的影像很容易引起误判，本书前面提到的同时观测对那些从事目视观测的人来说非常重要，一个关键原因就在于此。因此，观测者为了减少数据中的主观性，除了前面提到的长期系统的目视观测外（包括满圆面绘图、亮度估算、中央子午线中天时刻测定、纬度测量和全面的描述报告），还要定期使用 35 毫米单反相机（SLR）拍摄土星的黑白照片和彩色照片。通过使用不同类型的胶卷，反复尝试各种摄影设备和技术，勤勉、认真的天文爱好者们怀着极大的热情和耐心拍摄出了卓越的高分辨率的土星图像。然而，土星的天体摄影一直是一项重大挑战。因为胶片上往往缺少清晰可辨的特征，所以大多数一流的土星照片也仅仅显示了南赤道带纹或北赤道带纹、赤道亮带、卡西尼环缝、光环或土星本体的影子，可能还会有一两个比较明显的光环结构。

土星的高分辨率相片偶尔会揭示出单个带纹和亮带内的一些较大特征（例如比较显著的亮斑和暗斑）。使用滤光片后，这些特征会更加明显，因为滤光片不但增强了衬度，还能选择性地透过不同波长的光。尽管如此，观测条件一直妨碍胶片记录最精细的细节，相反，这些细节往往能够被敏锐的目视观测者捕捉到。

常规的胶片摄影还有另外一个缺点，即需要使用目镜投影来放大行星图像，这会减少光线，并导致拍摄的土星图像非常暗淡。这意味着要延长曝光时间。延长曝光时间与极快的胶片感光和高倍率望远镜对振动的放大等是冲突的。即便是在视宁度稳定的条件下，这些因素也会破坏照片的清晰度。因此，许多目视观测者在他们的整个同时观测项目中一直坚持绘制土星图像，而不是使用 35 毫米的相机拍照，因为无法在胶片上记录他们看到的最佳目视印象，这让他们备受挫折。当然，技术娴熟的观测者拍摄的高质量土星照片总是受欢迎的，并且还是大多数可见期系列目视观测的补充。此外，对土星的目视绘图和高分辨率 35 毫米照片进行对比，有助于揭示视觉极限处难以捉摸的大气特征或光环现象。

## 9.1 天体摄影

在过去的几十年里，天文爱好者使用摄像机拍摄了一些意义非凡的土星视频，它们对于团体观测工作非常有利。天文摄影能够记录动态事件，如卫星掩土星、土卫六的卫影凌土星、光环侧翼时的其他现象以及一颗明亮的恒星在光环背后穿行的过程，这是它最好的优点。要获得好的摄影结果，除了望远镜，所需的其他设备和方法没多少，一台摄像机、一台 VHS 录像机（家用录像机）和一台视频监视器就足够了。然而，摄像机镜头应当可以取下来，因为拍摄望远镜内的视频图像时不需要它。一般的家用摄像机每秒拍摄约 30 幅图像，也就是说它们在 5 分钟内可以拍摄 9000 帧的图像。最好的拍摄效果，一般是事先已自动或手动对焦的情况下，采用低照度（勒克斯数 < 2.0）的摄像机实现的。

多年来，一些观测者还使用可拆卸镜头的普通的监控摄像机来替代家用摄像机对土星进行成像。手动快门模式，可调增益，0.1（黑白摄像）到 1.0（彩色摄像）之间的勒克斯额定值，以及优于 300 线的分辨率，这类摄像机在熟练的人手中表现得非常出色。可如今，具有绝对优势的行星摄像机出现在了人们面前，价格极具竞争力，使得监控摄像机在太阳系成像方面几近被淘汰。这些独特的行星摄像机使用直流或交流电源，价格比多数 CCD 照相机便宜得多。此外，大多数机型还比较轻。它们用 C 型接口或类似的转接口连接到望远镜上，用于主焦点的天体摄影，同时不会导致设备不平衡。它们采用 NTSC 复合视频信号，并通过标准电缆把信号传输给电视监视器或 VHS 录像机。这种摄像机连接望远镜的架构具有高放大率，尤其是当焦比超过 f/10 时，因此，需要配备慢动控制（slow motion controls）的转仪钟和寻星镜。在短焦光学系统中，使用 2 倍或 3 倍的巴洛镜有助于增加土星的图像尺寸。此外，使用滤光片和亮度可调偏振镜可以增强与波长相关的特性，突出细微的衬度差异。

行星摄像机的水平分辨率高达 480 线，因此，需要使用支持这些高分辨率的超级 VHS 录像机［标准 VHS 录像机的额定电视扫描线（TV lines）仅为 240 线］，同时需要配备匹配的彩色或单色监视器（显示优于 450 线的监视器）用于高分辨率实时观看。此外，还可以选择数码摄像机录制高质量视频。

除了行星摄像机，一些制造商还推出了电子成像目镜。它们由电池供电，重量只有几盎司，可以非常紧凑地安装在大多数望远镜的标准聚焦管中。电子成像目镜通过小型 RCA 电缆将拍摄的实时土星视频图像传输到电视监视器或超级 VHS 录像机中，它们还包含一个小型 CCD 探测器，其分辨率和灵敏度与常规摄像机一样好。例如，最新的单色电子目镜的像素数为 320 × 240，灵敏度为 1.2 勒克斯，采用手动衬度控制。彩色型号的电子目镜的像素阵列为 510 × 492，灵敏度为 2.5 勒克斯，采用手动拇指旋轮调整色调和衬度。两者都能生成每秒钟 60 帧的图像。

多数夜晚的观测条件都会随机波动，因此，望远镜录制的视频中一些帧会比其他帧清晰、详细。"图像采集"从超级 VHS 磁盘中有选择地提取最佳的帧，是一项必备技术。它可以由安装有处理器的采集卡来实现，也可以通过并行端口或通用串行总线（USB）端口接入外部设备来实现。这些外部设备中装有操作软件，来调整可变尺寸的预览屏幕中显示图像的亮度、衬度和色彩平衡。近年来，市场上出现了即插即用 PCMCIA（个人电脑存储卡国际协会）视频采集卡，它们价格合理，与许多行星摄像机兼容，并且允许在笔记本电脑上对画面进行显示、捕获和预览。一旦图像帧存储在计算机硬盘里，就可以使用功能强大的图形处理程序对最清晰、衬度最高的图像进行筛选、处理和微调了。

## 9.2 CCD 成像的世界

近年来，CCD 照相机、数码相机和网络摄像机的价格已能够被人们所接受（尤其是后者）。与普通的照相底片感光乳剂相比，它们光探测本领更高，图像采集能力更强，曝光时间更短，在行星摄影领域掀起了一场根本性革命。因此，CCD 芯片除了能够识别那些经验丰富的观测者以训练有素的眼睛在极好观测条件下观测到的目视细节，还可以抓住短暂的优质视宁度条件，永久记录这些细节。例如，CCD 相机拥有超高的动态范围和可见波段、近红外波段的高灵敏度感知，为月球和行星研究提供了一个非常有价值的工具。此外，上述设备创建的数字信息都可以存储在笔记本电脑或台式电脑上，以供图像处理程序和图形软件进行后续处理。

数码影像在月球和行星天文学领域已非常普遍，是未来的主流。它们拍摄的图像质量远远超过了普通胶片相机（也许颜色精度略差一些）。因此，本书不再讨论 35 毫米行星照相技术，越来越多的太阳系探测发烧友认为这种方法已经过时了。相反，我们重点探讨现代的 CCD 成像技术，强调相关设备的简单、经济和好用，说明它们为获取高分辨率行星图像提供了最有效的方法。本章的重点是用于土星成像的数码相机和网络摄像机技术，以及相关的基础图像处理技术。

## 9.3 CCD 相机和数码相机

天文爱好者开始使用 CCD 相机至少有 20 年了。20 年来，这类相机变得越来越复杂。多数商用探测器可以捕获 70% 甚至更多的入射光子（即它们具有较高的量子效率）。它们还不受互易律失效问题的干扰，这个问题在胶片天体摄影中经常出现。大多数 CCD 相机使用目镜投影耦合器和 C 接口安装到望远镜上，通常还要连接计算机以方便软件操控。一些流行的天文学杂志上充斥着它们靓丽的广告身影，并附有它们拍摄的图像，暗示使用现成的 CCD 相机阵列就可以获取奇妙的拍摄结果。它们确实可以生成高分辨率图像。但是，要获得这样出色的效果，需要储备大量的专业知识。因为，选择一款适合月球和行星观测的 CCD 相机极具挑战，并且拍摄一张绝佳的图像也需要耗费大量时间，付出努力，经历考验。一台出色的行星探测 CCD 相机的价格一般都很高，让许多观测者望而却步。

近年来，在月球和行星天体摄影中，用数码相机的 CCD 芯片拍摄图像已非常流行。观测者不再需要购买胶片，也不需要再冲洗胶片，图像能够立即显示在望远镜相机的显示屏上。大多数数码相机都配有可移动的存储卡，有不同的存储容量，能存下比一卷 35 毫米胶片最大曝光次数多得多的图像。数码相机没有使用冷却芯片，并非尽善尽美。因此，对他们来说，缩短 CCD 相机曝光时间是降低图像噪声的方法，这对拍摄像月球和行星这样明亮的太阳系天体来说不是什么问题，因为完成对这些天体的成像只需要几秒钟。当拍摄完一组图像后，观测者可以通过 USB

数据线将其下载到笔记本电脑或台式电脑上，再用专门的软件进行处理。

现在，花费不到500美元就可以买到410万至600万像素的高分辨率数码相机。它们重量轻，由锂电池或可充电镍镉电池供电。随着相机技术的日新月异，每个月都会有改进的设计出现，价格低廉的替代款层出不穷。数码相机CCD芯片上的像素数决定了图像的质量，像素数越多，说明图像中捕获的细节越精细。数码相机的镜头一般不可以拆卸，需要凭借望远镜的目镜进行无焦成像。最常用的行星观测数码相机的镜头上有螺纹，可以安装接口适配器，直接连接到望远镜上，避免观测时一直用手托着它，对准目镜（图9.1）。

数码相机都有变焦功能，可以提高放大率。但是，在拍摄行星时，相机必须采用内变焦模式，而非外变焦。最好能有一些降

图9.1 高分辨率410万像素数码相机，用专门的接口适配器连接到望远镜的聚焦管上，接口的另一端接到相机的目镜和镜头外壳上。图中相机为作者所有。

低噪声的手段，采用远程快门功能以减少振动。与 35 毫米摄影中使用的目镜投影法类似，连接器把相机居中在光轴上，并将其安装在目镜上部距离刚刚好的位置，使得渐晕达到最小。当从目镜发出的光锥无法完全照亮 CCD 芯片时，就会出现裁剪效应（cropping effect）。理想情况下，数码相机的透镜直径应略小于目镜的外透镜。一个好的目镜需要有合适的适瞳距、镶嵌式镜片和较短的焦距，还应避免使用凹透镜和较大的橡胶眼罩。

精准对焦是获取优良、清晰图像的关键。若没有足够大的液晶显示屏，这一过程将会很复杂。因为无焦方法意味着足够大的行星影像，因此，精准对焦并没有那么麻烦。观察屏幕还可以帮助观测者手动调整明亮天体（如行星）的曝光。当目镜的焦距变短时，图像将成比例地增大，但渐晕和调焦的难度也会增加，更不用说振动了。最好将 2 倍或 3 倍的巴洛镜与具有合适适瞳距的长焦距目镜结合起来使用，但需要大量实践才能将它们完美组合在一起。

除了禁用闪光灯功能，观测者基本上只需采用自动设置。有时候，选用较高的国际标准组织（ISO）设置有助于缩短曝光时间，提高图像清晰度。但若盲目设置，会引起不必要的噪声。为了获得清晰的图像，精确聚焦是必不可少的。观测者一般将数码相机置于微距模式下，通过望远镜的聚焦功能实现对焦。

在某些情况下，数码相机生成的原始图像可能看起来完全可以接受，而在多数情况下，为了显示细节并减少噪声，少不了对多个图像进行堆叠。堆叠并处理最佳图像是很有效的。与数码相机捆绑在一起的软件就可以调节图像尺寸、色彩平衡和衬度，也可以对图像进行裁剪，但要实现文件类型转换、图像堆叠和进一步的效果增强，就需要求助专门的软件了。

## 9.4 网络摄像机

网络摄像机最初是为互联网视频会议而开发的。它如今在月球和行星天文学领域备受欢迎。听说这些小设备可以匹敌昂贵的 CCD 相机，CCD 相机忠实的粉丝们起初不以为然。但当看到这些设备拍摄的图像后，他们不得不改变看法。毋庸置疑，网络摄像机正迅速成为行星成像的首选 CCD 设备。它们容易上手，价格低廉，起价不到 150 美元。网络摄像机还非常轻便和紧凑，可以通过 USB 端口连接到计算机。如图 9.2 所示，为天文观测专门设计的网络摄像机，有可拆卸的镜头和便于安装的接口适配器，可以轻松地装入望远镜的目镜座。为了方便多数天文爱好者使用，网络摄像机还内置相对较小的 CCD 芯片（首选 CCD 芯片，而不是 CMOS 芯片），毕竟 CCD 芯片较小的像素点意味着更高的分辨率和相对较大的图像。可以在计算机显示器上实时观看其所成图像，也可以一边盯着屏幕，一边调整望远镜的齿条和齿轮进行对焦。网络摄像机连接着计算机，上面安装有相应的软件，可以对增益、亮度、快门速度、伽马参数和色彩饱和度等进行手动或自动控制。

与传统的 CCD 摄像机不同，网络摄像机在观测过程中生成大量图像帧。常规的网络摄像机曝光时间不超过 2 秒，这种速度完全可以应对月球和行星的观测，它们很少需要长时间曝光。因为短时间曝光可以产生大量原始图像，所以获取中上等观测条件下拍摄的图片的概率就变高了。听起来似乎应该确保每秒钟拍摄最多的帧数，但是实际上并非如此，因为 USB 端口的数据传输

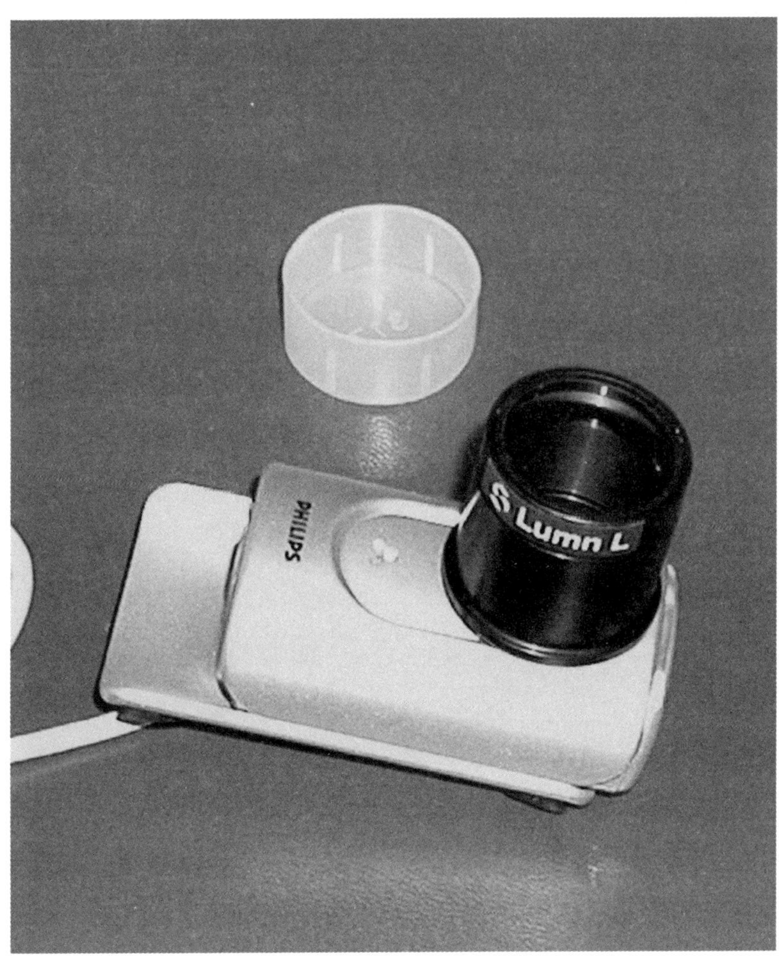


图 9.2　作者的一款非常轻便的网络摄像机，它带有一个接口适配器，可以装在望远镜对焦装置的镜筒上，并通过 USB 数据线连接到笔记本电脑。强烈推荐使用红外屏蔽滤光片（见正文），它可以轻松地安装到网络摄像机上。

速率有限。若传输过程中对数据进行压缩，会降低图像质量。为了避免这个问题并获得最清晰的图像，观测者很少使用超过每秒 5~10 帧的帧速率。与 CCD 相机不同，大多数网络摄像机没有提供冷却功能。在观测像土星这样明亮的行星时，曝光时间一般比较短，噪声难以被察觉。等观测任务结束后，从原始数据中选出最佳的几帧，然后在计算机上对图像进行处理，可以对图片的色彩平衡、锐度、亮度和衬度进行调整。最后，使用软件堆叠和操作最高分辨率的几帧，并且在获取行星的彩色网络摄像头图像时不强制使用滤光片。然而，图像的过度处理会增强噪声，因此，当自然、逼真的图像呈现在计算机屏幕上，并且图像各方面达到最优后，应立即停止对其调整。图像捕捉和原始数据处理需要专门的软件，这些软件可以从网上免费下载或购买（我乐意就最新的程序提供建议）。

## 9.5 捕捉和处理网络摄像机图像的步骤

综合论述如何通过各种设备获取和处理数字图像超出了本书的范围，读者通过互联网和专业天文学文献很容易就可以获取这方面的信息。实际上，网络摄像机已经取代了土星观测者使用的其他 CCD 成像方式，因此，有必要做一些展开，讨论一下捕捉图像和堆叠帧的基本技术，希望能带来帮助。这些技术适用于土星拍摄者今天使用的多数网络摄像机。

如前所述，网络摄像机使用方便，价格也便宜，因此，用这种形式的 CCD 成像技术拍摄土星也非常简单。如果笔记本电脑已接通电源，拿到望远镜旁，那么就可以开始用网络摄像机观测土星了。第一步是用放大率较低的目镜定位土星，然后对该行星进行精准聚焦。当极轴已与北天极（NCP）对齐时，驱动望远镜的转仪钟，并把目镜更换为网络摄像机。此时，计算机显示屏上应该已经出现了土星的 24 位实时彩色视频图像。利用操作软件将观察窗口的大小设置为 640 × 480 像素。如有必要，调整赤道式装置的慢动控制器，使图像居中在屏幕中心，然后微调焦距，直到土星及其光环系统清晰可见（一些观测者利用与网络摄像机齐焦的目镜来建立一个焦点参考系）。当以超过 f/20 的焦比成像时，将行星图像集中在 640 × 480 像素的显示窗口上变得很困难。转镜组件是一件便利的配件，可帮助很好地解决这个问题。它安装在网络摄像机和望远镜的调焦背（focusing back）或伸缩管之间。网络摄像头仍然位于望远镜的光轴上，但目镜此时与阵列成直角，情况类似于天顶棱镜。该配件内有一个小镜子，可以用一个小旋钮控制着上下转动，该旋钮将光线引导到一个带有十字准线的目镜中，光线以此首先在视野中正确聚焦和居中，然后在网络摄像机中成像。通过实验，可以实现该目镜和网络摄像头的齐焦。

在观测条件稳定的情况下，聚焦一般都没有什么问题，但有大气湍流的情况就比较麻烦。和目视观测、绘图记录一样，使用网络摄像机观测时，一个观测条件好的夜晚意味着可以减少聚焦带来的问题，增加获取大量清晰原始图像的机会。此外，CCD芯片对红外波长异常敏感，再加上红外线的聚焦位置与可见光略有不同，因此，图像往往显得模糊，尤其是在折射式望远镜（甚至复消色差系统）和大多数折反式望远镜中。解决这个问题的方法是使用一个红外阻塞的滤光片，该滤光片与其他滤光片一样，安装在连接网络摄像机和望远镜的接口适配器上。

打开电脑中的成像软件，在选项菜单中关闭视频压缩选项。曝光时间应随焦距而变化，在焦比为 f/20 及以上观测土星时，选用 1/25 秒的曝光时间。首先将帧速率设置为 10 每秒帧数，亮度和衬度分别设置为 50%，伽马参数为 20%，增益为 40%。一旦快门速度达到 1/25 秒，调整增益，使显示窗口中的行星图像显得有轻微的曝光不足。输入捕捉原始图像的持续时间为 60 到 180 秒。最后，保存设置后，再关闭选项菜单。

起初，网络摄像机在指定的时间段内会拍摄大量土星图像，这些图像将在计算机上以“*.avi”的文件形式保存。在观测条件非常好的时候，获得的图像越多意味着拍摄成功的概率越高。当然，观测条件越来越好于开始时，好图像的数量就会更多。请注意，以每秒 10 帧的速率拍摄 60 秒，将会生成 600 张土星图像，文件大小会超过 0.5 GB。因此，每完成一次观测任务都会消耗大量的计算机硬盘空间。明智的做法是，一旦网络摄像头捕捉到原始图像并由 USB 连接线传输到计算机上，就将文件复制到可重写光盘、DVD 或高容量 U 盘中，由它们保护起来，以免发生计算机死机、文件损坏或意外删除等事件。

不要期望每一帧图像都完美无缺，而要去浏览原始图像，选择一个更清晰、有更多细节的图像。图像处理软件能够将原始图像序列与该图像（参考帧）对齐，并且它能基于彼此的质量来定位帧。它还能自动堆叠最佳的原始图像，减少噪声，并提高最终图像的质量。堆叠数百个最佳帧能够使信噪比（SNR）获得可观的提升。在完成堆叠（通常会得到良好的合成图像）后，使用图形程序处理锐度、色彩平衡和衬度。还可以制作有趣的土星自转延时动画，这种动画特别适合显示白斑的运动和土星本体上其他分离现象的运动。

## 9.6 土星和土星环系的系统成像

在可见光谱波段，地球大气对电磁辐射的吸收很少，因此，在可见波段使用CCD阵列、数码相机和网络摄像头对土星进行成像，足以显示土星本体上的许多带纹、亮带和土星环系结构的诸多细节，结果往往给人以深刻的印象。

比较起来，天文爱好者使用不同光圈、CCD照相机和滤光技术拍摄的土星图像非常有意义。这项工作可以让观测者了解所看到的细节水平，包括它们与航天器成像和专业天文台观测结果的联系，以及它们与第四章中描述的土星本体和光环的目视印象的关系。因此，除了常规的目视研究外，土星观测者还应尽可能在每一个晴朗的夜晚对土星进行认真、系统的拍摄，搜索土星本体和土星环系的各个特征、它们的变动和形态（包括亮度和色调的变化），提供拍摄的数据与专业地面天文台和近距离土星监测航天器拍摄的图像相结合。此外，比较土星本体某个半球跨越多个可见期的拍摄图像，进行目视相对亮度估计，给长期以来存疑的季节性变化提供信息。值得一提的是，天文爱好者拍摄的图像（和系统的目视观测）偶尔会成为土星上有趣的大规模特征的最初警报，这样起初并不知情的专业人员获取警报后，便可以使用更大的专用设备进行进一步的探测了。

土星大气中的颗粒以非常不同的方式反射不同波长的光，这导致一些带纹和亮带非常显著，而其他的带纹和亮带看起来却很暗。使用系列滤光片对土星进行成像可以帮助了解其大气的动力学、结构和成分。电磁光谱的紫外波段和红外波段的拍摄，确定了不同大气中有气溶胶的存在，并明确了其特性和大小，这些气溶胶特性在目视波长下无法获得，这些拍摄还给出了被云层覆盖的土卫六的有用数据。地球上平流层的臭氧有效阻挡了波长短于3200埃的紫外线，而水蒸气和二氧化碳分子吸收了7270埃以上波长的红外波段，人眼对波长短于3200埃的紫外线不敏感，并且只能看到1.0%的6900埃波长的光和0.01%的7500埃波长的光（对于波长超过7500埃的波段，视敏度基本为零）。虽然土星的大部分反射光都是以可见光的形式抵达地面的，但位于可见光波段两侧和附近的一些紫外线和红外线也到达了地球表面，在这些波段捕捉到的土星图像往往会产生非常有趣的结果。例如，这颗行星不同高度、不同厚度的大气气体和云层对光的吸收和散射就非常明显且可见，这类图像还解释了不同颜色的粒子混合土星白色的氨云对光的不同吸收。

土星的大气气体能够有效地散射可见波段较短波长的太阳光。这种效应在紫外波段更加显著。在紫外波段，气态氢和氦强烈地散射紫外线，大气亮度明显增加。只有最高的云颗粒会吸收紫外线，在明亮的背景下呈现黑色。大气气体对蓝色光的散射不像紫外线那样明显，因此，蓝色光在反射给地球观测者之前，会深入到土星云层之中。赤道区域的高层云对可见光有很强的反射，在蓝光下会更加明显。光环在紫外波段反射的光很少，看起来很暗。

甲烷吸收某些波长的可见光和红外线，遮蔽土星大气除最上层外的其他所有部分。这有助于探测不同高度的云层；也就是说，在这些光谱区域，光被甲烷气体吸收，却被高空云层散射，拍摄出的图像，衬度发生了反转。近红外图像中的赤道亮带通常会很亮，因为在光线被甲烷吸收之前，赤道亮带高层云将大部分长波长的光反射回了太空。

在近红外或近紫外波段的业余土星成像是对专业研究的补充，具有一定的意义。专业研究将专门的设备放置在航天器上，在红外和紫外波段进行探测——这些波段不容易在地面天文台检测到。航天器红外光谱的研究表明木星、土星和海王星等巨行星不仅反射来自太阳的热能，而且还辐射一些自身内部的热量，而紫外线波段的空间探测器展现了木星和土星的极光。

# 附录

# 国际月球和行星观测者协会的表格

## 国际月球和行星观测者协会土星部：中央子午线中天数据和局部图绘制

（将本表附于主观测表）

观测者姓名：______

对象：______

世界时日期：______ 世界时时间：______
位置：______ 请在右边进行局部图像绘制
CM I: ______° CM II: ______° $d_1$: ______ $d_2$: ______

S; p; f; $d_1$; $d_2$; N

对象：______

世界时日期：______ 世界时时间：______
位置：______ 请在右边进行局部图像绘制
CM I: ______° CM II: ______° $d_1$: ______ $d_2$: ______

S; p; f; $d_1$; $d_2$; N

对象：______

世界时日期：______ 世界时时间：______
位置：______ 请在右边进行局部图像绘制
CM I: ______° CM II: ______° $d_1$: ______ $d_2$: ______

S; p; f; $d_1$; $d_2$; N

对象：______

世界时日期：______ 世界时时间：______
位置：______ 请在右边进行局部图像绘制
CM I: ______° CM II: ______° $d_1$: ______ $d_2$: ______

S; p; f; $d_1$; $d_2$; N

绘制局部图像标注：
（均采用 I 天文单位方位）

$d_1$= 经度范围，孤秒（ ）
$d_2$= 维度范围，孤秒（ ）

$p$= 前导
$f$= 后随

# 国际月球和行星观测者协会土星部：土星卫星的目视观测

（将本观测表附于同一观测日期的主观测表）

观测者姓名：____________________ 世界时时间：________

定位卫星的参照物：____________________

采用的符号：

$V_{os}$= 土星卫星的目视星等（评估所得）
X= 参照星的星等（亮参照星）
Y= 参照星的星等（暗参照星）
>= 亮于
<= 暗于

注释：参照恒星的星等均为目视星等，来自于可靠的星图

| 卫星（名字） | 评估中采用的参照星 | | | | 评估的卫星星等 | | |
|---|---|---|---|---|---|---|---|
| | 符号 星X | | 符号 星Y | | 占比例份数 | $V_{os}$ | 占比例份数 |
| | $m_v$ | RA DEC | $m_v$ | RA DEC | | | |
| | | | | | | | |
| | | | | | | | |
| | | | | | | | |
| | | | | | | | |
| | | | | | | | |
| | | | | | | | |
| | | | | | | | |
| | | | | | | | |
| | | | | | | | |
| | | | | | | | |
| | | | | | | | |
| | | | | | | | |

参照星的来源：

描述性记录：

## 国际月球和行星观测者协会土星部：土星的目视观测，B=0 度（侧身光环）。在 B=±4 度时观测。

（$B \leqslant 4$ 度时，忽略光环的绘制）

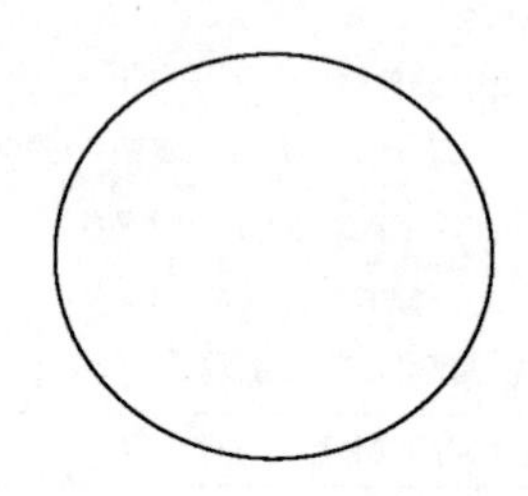

坐标系（勾选一）：[ ] IAU 方位 [ ] 天空方位

观测者姓名：________________ 观测地点________________

世界时日期（起始）________ 世界时时间（起始）________ CM I（起始）________° CM II（起始）________° CM III（起始）________

世界时日期（截至）________ 世界时时间（截至）________ CM I（截至）________° CM II（截至）________° CM III（截至）________

B = ________° B = ________° 观测仪器 ________________ 放大率 ________$X_{min}$ ________$X_{max}$

滤光片 ________ $f_1$ ________ $f_2$ ________ $f_3$ ________ 视宁度 ________ 透明度________

| 土星<br>本体和环系特征 | 目视光度测量和色度测量<br>IL | <br>$f_1$ | <br>$f_2$ | <br>$f_3$ | 绝对颜色评估 | 维度估计<br>y/r 比值 |
|---|---|---|---|---|---|---|
| | | | | | | |
| | | | | | | |
| | | | | | | |
| | | | | | | |
| | | | | | | |
| | | | | | | |
| | | | | | | |
| | | | | | | |
| | | | | | | |
| | | | | | | |
| | | | | | | |
| | | | | | | |
| | | | | | | |
| | | | | | | |
| | | | | | | |
| | | | | | | |
| | | | | | | |
| | | | | | | |

光环双色性：________（始终采用 IAU 方位）

无滤光片（ IL ）（勾选一） [ ] 东环脊 = 西环脊 [ ] 东环脊 > 西环脊 [ ] 西环脊 > 东环脊

蓝色滤光片（________）（勾选一） [ ] 东环脊 = 西环脊 [ ] 东环脊 > 西环脊 [ ] 西环脊 > 东环脊

红色滤光片（________）（勾选一） [ ] 东环脊 = 西环脊 [ ] 东环脊 > 西环脊 [ ] 西环脊 > 东环脊

注意事项：请将大气特征形貌细节的描述和支撑信息附在此表的后面。请不要在本表的背面涂写。标度标准采用的是国际月球和行星观测者协会的亮度数值标准。0.0= 全黑；10.0= 最亮的特征；中间的数值依据亮度数值标准给观测的特征亮度进行赋值。

# 国际月球和行星观测者协会土星部：土星的目视观测，B= ±6 度至 ±8 度

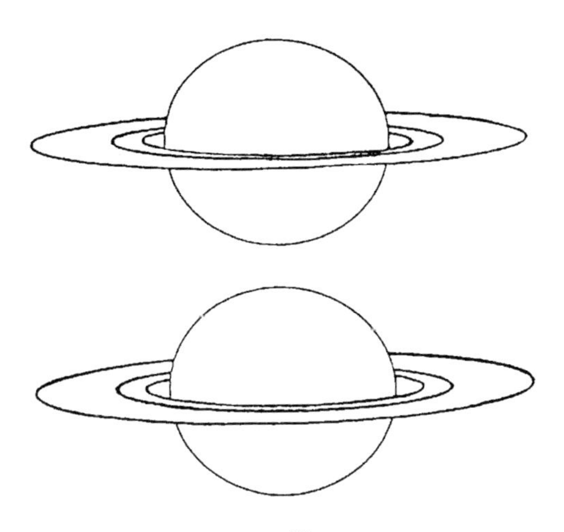

坐标系（勾选一）：[ ] IAU 方位 [ ] 天空方位

观测者姓名：________ 观测地点 ________

世界时日期（起始）______ 世界时时间（起始）______ CM I（起始）______° CM II（起始）______° CM III（起始）______°

世界时日期（截至）______ 世界时时间（截至）______ CM I（截至）______° CM II（截至）______° CM III（截至）______°

B = ______° B = ______° 观测仪器 ________ 放大率 ______ $X_{min}$ ______ $X_{max}$

滤光片 ______ $f_1$ ______ $f_2$ ______ $f_3$ ______ 视宁度 ______ 透明度 ______

| 土星 | 目视光度测量和色度测量 | | | | | 维度估计 |
|---|---|---|---|---|---|---|
| 本体和环系特征 | IL | $f_1$ | $f_2$ | $f_3$ | 绝对颜色评估 | y/r 比值 |
| | | | | | | |
| | | | | | | |
| | | | | | | |
| | | | | | | |
| | | | | | | |
| | | | | | | |
| | | | | | | |
| | | | | | | |
| | | | | | | |
| | | | | | | |
| | | | | | | |
| | | | | | | |

光环双色性：（始终采用 IAU 方位）

无滤光片（ IL ）（勾选一） [ ] 东环脊 = 西环脊 [ ] 东环脊 > 西环脊 [ ] 西环脊 > 东环脊

蓝色滤光片（______）（勾选一） [ ] 东环脊 = 西环脊 [ ] 东环脊 > 西环脊 [ ] 西环脊 > 东环脊

红色滤光片（______）（勾选一） [ ] 东环脊 = 西环脊 [ ] 东环脊 > 西环脊 [ ] 西环脊 > 东环脊

注意事项：请将大气特征形貌细节的描述和支撑信息附在此表后面。请不要在本表的背面涂写。标度标准采用的是国际月球和行星观测者协会的亮度数值标准。0.0= 全黑；10.0= 最亮的特征；中间的数值依据亮度数值标准给观测的特征亮度进行赋值。

# 国际月球和行星观测者协会土星部：土星的目视观测，B=±10 度至 ±12 度

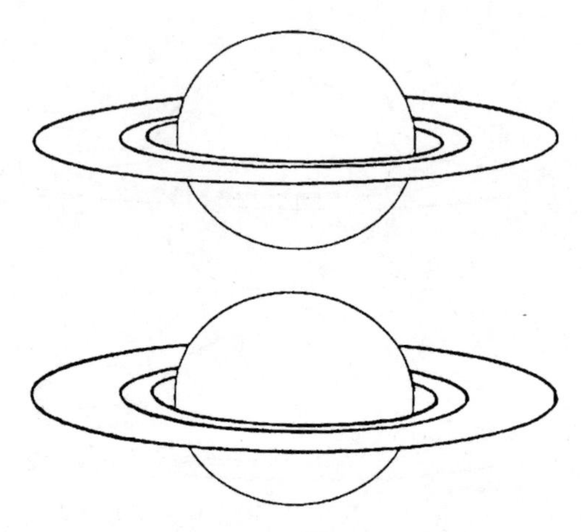

坐标系（勾选一）：[ ] IAU 方位 [ ] 天空方位

观测者姓名：______________ 观测地点 ______________

世界时日期（起始）__________ 世界时时间（起始）__________ CM I（起始）__________° CM II（起始）__________° CM III（起始）__________°

世界时日期（截至）__________ 世界时时间（截至）__________ CM I（截至）__________° CM II（截至）__________° CM III（截至）__________°

B = __________° B = __________° 观测仪器 ______________ 放大率 __________ $X_{min}$ __________ $X_{max}$

滤光片 __________ $f_1$ __________ $f_2$ __________ $f_3$ __________ 视宁度 __________ 透明度 __________

| 土星 | 目视光度测量和色度测量 | | | | 绝对颜色评估 | 维度估计 |
|---|---|---|---|---|---|---|
| 本体和环系特征 | IL | $f_1$ | $f_2$ | $f_3$ | | y/r 比值 |
| | | | | | | |
| | | | | | | |
| | | | | | | |
| | | | | | | |
| | | | | | | |
| | | | | | | |
| | | | | | | |
| | | | | | | |
| | | | | | | |
| | | | | | | |
| | | | | | | |
| | | | | | | |

光环双色性：（始终采用 IAU 方位）

无滤光片 ( IL )（勾选一） [ ] 东环脊 = 西环脊 [ ] 东环脊 > 西环脊 [ ] 西环脊 > 东环脊

蓝色滤光片 (______)（勾选一） [ ] 东环脊 = 西环脊 [ ] 东环脊 > 西环脊 [ ] 西环脊 > 东环脊

红色滤光片 (______)（勾选一） [ ] 东环脊 = 西环脊 [ ] 东环脊 > 西环脊 [ ] 西环脊 > 东环脊

注意事项：请将大气特征形貌细节的描述和支撑信息附在此表的后面。请不要在本表的背面涂写。标度标准采用的是国际月球和行星观测者协会的亮度数值标准。0.0 = 全黑；10.0 = 最亮的特征；中间的数值依据亮度数值标准给观测的特征亮度进行赋值。

# 国际月球和行星观测者协会土星部：土星的目视观测，B=±14 度至 ±16 度

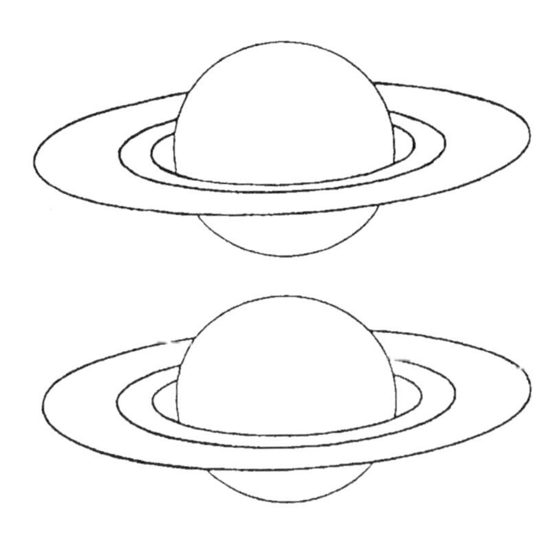

坐标系（勾选一）：[ ] IAU 方位 [ ] 天空方位

观测者姓名：________ 观测地点 ________

世界时日期（起始）______ 世界时时间（起始）______ CM I（起始）______° CM II（起始）______° CM III（起始）______°

世界时日期（截至）______ 世界时时间（截至）______ CM I（截至）______° CM II（截至）______° CM III（截至）______°

B = ______° B = ______° 观测仪器 ______ 放大率 ______ $X_{min}$ ______ $X_{max}$

滤光片 ______ $f_1$ ______ $f_2$ ______ $f_3$ ______ 视宁度 ______ 透明度 ______

| 土星<br>本体和环系特征 | 目视光度测量和色度测量<br>IL | $f_1$ | $f_2$ | $f_3$ | 绝对颜色评估 | 维度估计<br>y/r 比值 |
|---|---|---|---|---|---|---|
| | | | | | | |
| | | | | | | |
| | | | | | | |
| | | | | | | |
| | | | | | | |
| | | | | | | |
| | | | | | | |
| | | | | | | |
| | | | | | | |
| | | | | | | |
| | | | | | | |
| | | | | | | |

光环双色性：（始终采用 IAU 方位）

无滤光片（ IL ）（勾选一） [ ] 东环脊 = 西环脊 [ ] 东环脊 > 西环脊 [ ] 西环脊 > 东环脊

蓝色滤光片（______）（勾选一） [ ] 东环脊 = 西环脊 [ ] 东环脊 > 西环脊 [ ] 西环脊 > 东环脊

红色滤光片（______）（勾选一） [ ] 东环脊 = 西环脊 [ ] 东环脊 > 西环脊 [ ] 西环脊 > 东环脊

注意事项：请将大气特征形貌细节的描述和支撑信息附在此表的后面。请不要在本表的背面涂写。标度标准采用的是国际月球和行星观测者协会的亮度数值标准。0.0 = 全黑；10.0 = 最亮的特征；中间的数值依据亮度数值标准给观测的特征亮度进行赋值。

# 国际月球和行星观测者协会土星部：土星的目视观测，B=±18 度至 ±20 度

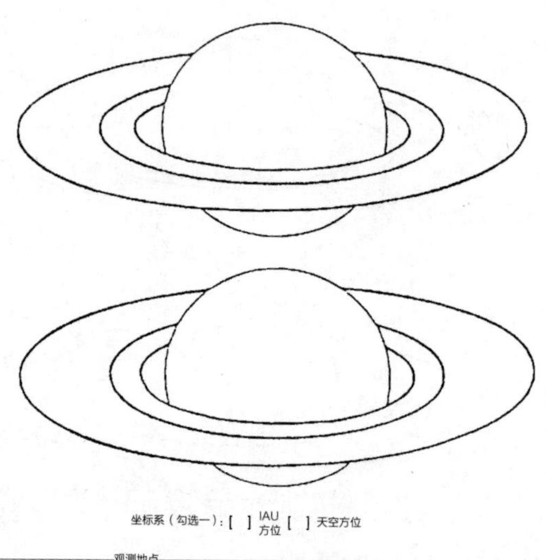

坐标系（勾选一）：[ ] IAU 方位 [ ] 天空方位

观测者姓名：________________ 观测地点 ________________

世界时日期（起始）________ 世界时时间（起始）________ CM I（起始）________° CM II（起始）________° CM III（起始）________°

世界时日期（截至）________ 世界时时间（截至）________ CM I（截至）________° CM II（截至）________° CM III（截至）________°

B = ________° B = ________° 观测仪器 ________________ 放大率 ________ $X_{min}$ ________ $X_{max}$

滤光片 ________ $f_1$ ________ $f_2$ ________ $f_3$ ________ 视宁度 ________ 透明度 ________

| 土星<br>本体和环系特征 | 目视光度测量和色度测量<br>IL | $f_1$ | $f_2$ | $f_3$ | 绝对颜色评估 | 维度估计<br>y/r 比值 |
|---|---|---|---|---|---|---|
| | | | | | | |
| | | | | | | |
| | | | | | | |
| | | | | | | |
| | | | | | | |
| | | | | | | |
| | | | | | | |
| | | | | | | |
| | | | | | | |
| | | | | | | |
| | | | | | | |
| | | | | | | |
| | | | | | | |
| | | | | | | |
| | | | | | | |

光环双色性：________（始终采用 IAU 方位）

无滤光片（IL）（勾选一） [ ] 东环脊 = 西环脊 [ ] 东环脊 > 西环脊 [ ] 西环脊 > 东环脊

蓝色滤光片（________）（勾选一） [ ] 东环脊 = 西环脊 [ ] 东环脊 > 西环脊 [ ] 西环脊 > 东环脊

红色滤光片（________）（勾选一） [ ] 东环脊 = 西环脊 [ ] 东环脊 > 西环脊 [ ] 西环脊 > 东环脊

注意事项：请将大气特征形貌细节的描述和支撑信息附在此表的后面。请不要在本表的背面涂写。标度标准采用的是国际月球和行星观测者协会的亮度数值标准。0.0 = 全黑；10.0 = 最亮的特征；中间的数值依据亮度数值标准给观测的特征亮度进行赋值。

# 国际月球和行星观测者协会土星部：土星的目视观测，B= ± 22 度至 ± 24 度

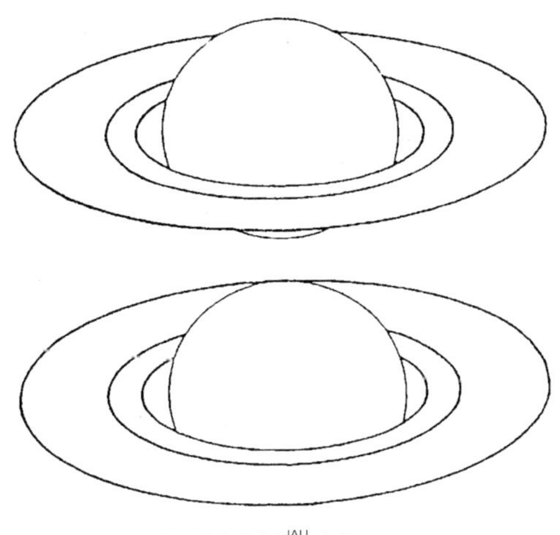

坐标系（勾选一）：[ ] IAU 方位 [ ] 天空方位

观测者姓名： 观测地点

世界时日期（起始） 世界时时间（起始） CM I（起始） ° CM II（起始） ° CM III（起始） °

世界时日期（截至） 世界时时间（截至） CM I（截至） ° CM II（截至） ° CM III（截至） °

B = ° B = ° 观测仪器 放大率 $X_{min}$ $X_{max}$

滤光片 $f_1$ $f_2$ $f_3$ 视宁度 透明度

| 土星<br>本体和环系特征 | 目视光度测量和色度测量<br>IL | $f_1$ | $f_2$ | $f_3$ | 绝对颜色评估 | 维度估计<br>y/r 比值 |
|---|---|---|---|---|---|---|
| | | | | | | |
| | | | | | | |
| | | | | | | |
| | | | | | | |
| | | | | | | |
| | | | | | | |
| | | | | | | |
| | | | | | | |
| | | | | | | |
| | | | | | | |
| | | | | | | |
| | | | | | | |
| | | | | | | |

光环双色性：（始终采用 IAU 方位）

无滤光片（IL）（勾选一） [ ] 东环脊 = 西环脊 [ ] 东环脊 > 西环脊 [ ] 西环脊 > 东环脊

蓝色滤光片（ ）（勾选一） [ ] 东环脊 = 西环脊 [ ] 东环脊 > 西环脊 [ ] 西环脊 > 东环脊

红色滤光片（ ）（勾选一） [ ] 东环脊 = 西环脊 [ ] 东环脊 > 西环脊 [ ] 西环脊 > 东环脊

注意事项：请将大气特征形貌细节的描述和支撑信息附在此表的后面。请不要在本表的背面涂写。标度标准采用的是国际月球和行星观测者协会的亮度数值标准。0.0 = 全黑；10.0 = 最亮的特征；中间的数值依据亮度数值标准给观测的特征亮度进行赋值。

# 国际月球和行星观测者协会土星部：土星的目视观测，B= ± 26 度至 ± 28 度

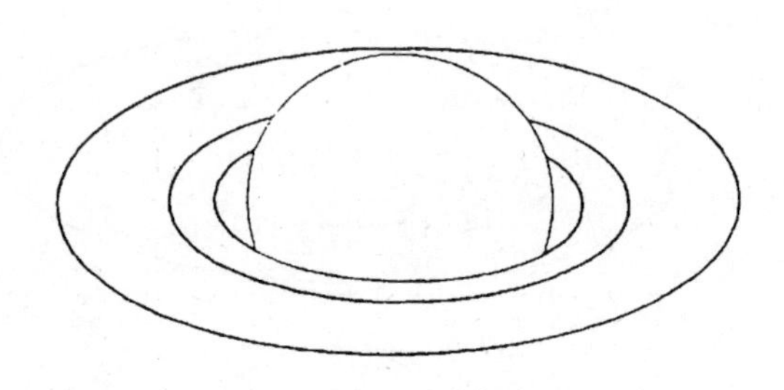

坐标系（勾选一）：[ ] IAU 方位 [ ]天空方位

观测者姓名：________ 观测地点________

世界时日期（起始）________ 世界时时间（起始）________ CM I（起始）________° CM II（起始）________° CM III（起始）________°

世界时日期（截至）________ 世界时时间（截至）________ CM I（截至）________° CM II（截至）________° CM III（截至）________°

B =________° B =________° 观测仪器________ 放大率 ________ $X_{min}$ ________ $X_{max}$

滤光片 ________ $f_1$ ________ $f_2$ ________ $f_3$ ________ 视宁度 ________ 透明度 ________

| 土星<br>本体和环系特征 | 目视光度测量和色度测量<br>IL | <br>$f_1$ | <br>$f_2$ | <br>$f_3$ | 绝对颜色评估 | 维度估计<br>y/r 比值 |
|---|---|---|---|---|---|---|
| | | | | | | |
| | | | | | | |
| | | | | | | |
| | | | | | | |
| | | | | | | |
| | | | | | | |
| | | | | | | |
| | | | | | | |
| | | | | | | |
| | | | | | | |
| | | | | | | |
| | | | | | | |
| | | | | | | |
| | | | | | | |
| | | | | | | |
| | | | | | | |
| | | | | | | |
| | | | | | | |
| | | | | | | |
| | | | | | | |
| | | | | | | |
| | | | | | | |

光环双色性：（始终采用 IAU 方位）

无滤光片 （勾选一） [ ] 东环脊 = 西环脊 [ ] 东环脊 > 西环脊 [ ] 西环脊 > 东环脊

蓝色滤光片 (________)（勾选一） [ ] 东环脊 = 西环脊 [ ] 东环脊 > 西环脊 [ ] 西环脊 > 东环脊

红色滤光片 (________)（勾选一） [ ] 东环脊 = 西环脊 [ ] 东环脊 > 西环脊 [ ] 西环脊 > 东环脊

注意事项：请将大气特征形貌细节的描述和支撑信息附在此表的后面。请不要在本表的背面涂写。标度标准采用的是国际月球和行星观测者协会的亮度数值标准。0.0 = 全黑；10.0 = 最亮的特征；中间的数值依据亮度数值标准给观测的特征亮度进行赋值。

第二页

日期：____________________

观测者姓名：____________________

请附在观测表的第一页后面

| 土星 | 目视光度测量和色度测量 | | | | | 纬度估计 |
|---|---|---|---|---|---|---|
| 本体和环系特征 | IL | $f_1$ | $f_2$ | $f_3$ | 绝对颜色评估 | y/r 比值 |
| | | | | | | |
| | | | | | | |
| | | | | | | |
| | | | | | | |
| | | | | | | |
| | | | | | | |
| | | | | | | |
| | | | | | | |
| | | | | | | |
| | | | | | | |
| | | | | | | |
| | | | | | | |
| | | | | | | |
| | | | | | | |
| | | | | | | |
| | | | | | | |
| | | | | | | |
| | | | | | | |
| | | | | | | |
| | | | | | | |
| | | | | | | |
| | | | | | | |
| | | | | | | |
| | | | | | | |
| | | | | | | |
| | | | | | | |
| | | | | | | |
| | | | | | | |
| | | | | | | |
| | | | | | | |
| | | | | | | |
| | | | | | | |
| | | | | | | |
| | | | | | | |
| | | | | | | |
| | | | | | | |
| | | | | | | |
| | | | | | | |
| | | | | | | |
| | | | | | | |
| | | | | | | |
| | | | | | | |
| | | | | | | |
| | | | | | | |
| | | | | | | |
| | | | | | | |
| | | | | | | |
| | | | | | | |
| | | | | | | |
| | | | | | | |
| | | | | | | |
| | | | | | | |
| | | | | | | |
| | | | | | | |
| | | | | | | |
| | | | | | | |

# 参考书目


Abell, G.O., et al, *Exploration of the Universe*. Philadelphia: Saunders, 1987.

Adamoli, G. 1982, 'Some European Visual Observations of Saturn in 1981,' *J.A.L.P.O., 29*, (7–8): 143–145.

——1983,'Visual Observations of Saturn in the 1981–82 Apparition,' *J.A.L.P.O., 30*, (1–2): 11–16.

——1984, 'Saturn in 1982–83: Some European Observations,' *J.A.L.P.O., 30*, (9–10): 177–180.

——1986, 'Visual Observations of Saturn in 1984,' *J.A.L.P.O., 31*, (7–8): 164–167.

——1988, 'Visual Observations of Saturn in 1986,' *J.A.L.P.O., 32*, (9–10): 207–210.

——1990, 'Visual Observations of Saturn in 1988,' *J.A.L.P.O., 34*, (2): 59–60.

Aguirre, E.L. 2001,'Astro Imaging with Digital Cameras,' *Sky and Telescope, 102*, (2): 128–134.

Alexander, A.F. O'D. *The Planet Saturn*. London: Faber and Faber, 1962.

Beatty, J.K., et al, eds. *The New Solar System*. Cambridge: Sky Publishing, 1982 (revised edition).

Benton, J.L., Jr. *A Handbook for Observing the Planet Saturn*. Savannah: Review Publishing, 1971.

——*Visual Observations of the Planet Saturn and Its Satellites: Theory and Methods*. Savannah: Review Publishing Co., 1975.

——1971, 'Aims of the A.L.P.O. Saturn Section,' *J.A.L.P.O., 23*, (1–2): 10–11.

——1972, 'The 1967–68 and 1968–9 Apparitions of Saturn,' *J.A.L.P.O., 23*, (3–4): 44–51.

——1972, 'The 1970–71 Apparition of Saturn,' *J.A.L.P.O., 23*, (11–12): 115–222.

——1972, 'The 1969–70 Apparition of Saturn,' *J.A.L.P.O., 24*, (1–2): 27–35.

——1973, 'The 1971–72 Apparition of Saturn,' *J.A.L.P.O., 24*, (7–8): 139–147.

——1974, 'The 1972–73 Apparition of Saturn,' *J.A.L.P.O., 25*, (3–4): 72–78.

——1975, 'The 1973–74 Apparition of Saturn,' *J.A.L.P.O., 25*, (9–10): 183–191.

——1976, 'The 1966–67 Apparition of Saturn,' *J.A.L.P.O., 25*, (11–12): 232–252.

——1976, 'Visual and Photographic Observations of Saturn: the 1974–75 Apparition,' *J.A.L.P.O., 26*, (5–6): 94–100.

——1976, 'Latitudes of Saturnian Features by Visual Methods,' *J.B.A.A., 86*, (5): 383–385.

——1976, 'A Simultaneous Observing Program for the Planet Saturn: Some Preliminary Remarks,' *J.A.L.P.O., 26*, (7–8): 164–166.

——1977, 'The 1975–76 Apparition of Saturn,' *J.A.L.P.O., 26*, (9–10): 173–184.

——1978, 'The 1976–77 Apparition of Saturn,' *J.A.L.P.O., 27*, (7–8): 137–151.

——1979, 'The 1977–78 Apparition of Saturn,' *J.A.L.P.O., 27*, (11–12): 246–255.

——1979, 'The 1977–78 Apparition of Saturn (Conclusion),' *J.A.L.P.O., 28*, (1–2): 13–17.

——1979, 'The 1978–79 Apparition of Saturn,' *J.A.L.P.O., 28*, (7–8): 140–150.

——1979, 'Observational Notes Regarding the 1979–80 Apparition of Saturn: the Edgewise Presentation of the Rings,' *J.A.L.P.O., 28*, (1–2): 1–5.

——1983, 'The 1979–80 Apparition of Saturn and Edgewise Presentation of the Ring System,' (part 1) *J. A.L.P.O., 29*, (11–12): 234–248.

——1983, 'The 1979–80 Apparition of Saturn and Edgewise Presentation of the Ring System,' (Concluded) *J.A.L.P.O., 30*, (1–2): 26–33.

——1983, 'The 1980–81 Apparition of Saturn,' *J.A.L.P.O.*, *30*, (3–4): 65–75.

——1984,'A Beginner's Guide to Visual Observations of Saturn,' *J.A.L.P.O.*, *30*, (5–6): 89–96.

——1984, 'The 1981–82 Apparition of Saturn: Visual and Photographic Observations,' *J.A.L.P.O.*, *30*, (7–8): 133–141.

——1986, 'The 1982–83 and 1983–84 Apparitions of the Planet Saturn: Visual and Photographic Observations,' *J.A.L.P.O.*, *31*, (7–8): 150–164.

——1986, 'Southern Globe and Ring Features of Saturn: A Summary Analysis of Mean Visual Relative Numerical Intensity Estimates from 1966 through 1980,' *J.A.L.P.O.*, *31*, (9–10): 190–198.

——1987, 'The 1982–83 and 1983-84 Apparitions of the Planet Saturn: Visual and Photographic Observations,' *J.A.L.P.O.*, *31*, (7–8): 150–164.

——1987, 'The 1984–85 Apparition of Saturn: Visual and Photographic Observations,' *J.A.L.P.O.*, *32*, (1–2): 1–12.

——1988, 'The 1985–86 Apparition of Saturn: Visual and Photographic Observations,' *J.A.L.P.O.*, *32*, (9–10): 197–207.

——1989, 'The 1986–87 Apparition of Saturn: Visual and Photographic Observations,' *J.A.L.P.O.*, *33*, (7–9): 103–111.

——1990, 'The 1987–88 Apparition of Saturn: Visual and Photographic Observations,' *J.A.L.P.O.*, *34*, (2): 49–59.

——1990, 'The 1988–89 Apparition of Saturn: Visual and Photographic Observations,' *J.A.L.P.O.*, *34*, (4): 160–169.

——1991,'Monitoring Atmospheric Features on Saturn in 1991,' *J.A.L.P.O.*, *35*, (1): 24-25.

——1991, 'A Photometric Opportunity for Saturn's Satellites,' *J.A.L.P.O.*, *35*, (2): 77.

——1992, 'The 1990–91 Apparition of Saturn: Visual and Photographic Observations,' *J.A.L.P.O.*, *36*, (2): 49–62.

——1993, 'Getting Started: Central Meridian (CM) Timings of Saturnian Atmospheric Features,' *J.A.L.P.O.*, *36*, (4): 155–156.

——1993, 'The 1991–92 Apparition of Saturn: Visual and Photographic Observations,' *J.A.L.P.O.*, *37*, (1): 1–13.

——1994, 'The 1992–93 Apparition of Saturn: Visual and Photographic Observations,' *J.A.L.P.O.*, *37*, (3): 97–107.

——1995,'The 1993–94 Apparition of Saturn:Visual and Other Observations,' *J.A.L.P.O.*, *38*, (3): 114–125.

——1998, 'Observations of Saturn During the 1994–95 Apparition.' *J.A.L.P.O.*, *40*, (1): 1–13.

——1999, 'The 1995–96 Apparition of Saturn and Edgewise Presentation of the Rings: Visual and Other Observations,' *J.A.L.P.O.*, *41*, (1): 1–23.

——2000, 'Observations of Saturn During the 1996–97 Apparition,' *J.A.L.P.O.*, *42*, (1): 1–12.

——2001, 'Observations of Saturn During the 1998–99 Apparition,' *J.A.L.P.O.*, *43*, (4): 31–43.

——2002, 'Observations of Saturn During the 1999–2000 Apparition,' *J.A.L.P.O.*, *44*, (1): 15–27.

——2003, 'ALPO Observations of Saturn,' *Sky and Telescope*, *106*, (6): 105.

——2004,'Saturn: A.L.P.O. Observations During the 2001–2002 Apparition,' *J.A.L.P.O.*, *46*, (1): 24–39.

——2004, 'Saturn in Prime Time,' *Astronomy*, *32*, (1): 88–92.

Blanco, V.M., and McCuskey, S.W. *Basic Physics of the Solar System*. Boston: Addison and Wesley,

1961.

Bobrov, M.S. *The Rings of Saturn*. Moscow: Nauka Press, 1970.

Borra, J.F., 1990, 'An Observer's Account of the Occultation of 28 Sagittarii By Saturn: 1989 July 03,' *J.A.L.P.O.*, *34*, (1): 22–23.

Budine, P.J. 1961, 'Amateur Observations of Saturn,' *J.A.L.P.O.*, *15*, (5–6): 80–82.

Burns, J., and Matthews, M.H., eds. *Satellites*. Tucson: University of Arizona Press, 1986.

Capen, C.F. 1958, 'Filter Techniques for Planetary Observers,' *Sky and Telescope*, *17*, (12): 517–520.

——, 1978, 'Recent Advances in Planetary Photography,' *J.A.L.P.O.*, *27*, (7–8): 47–51.

——, and Parker, D.C. 1980,'New Developments in Planetary Photography,' *J.A.L.P.O.*, *28*, (3–4): 45–50.

Chapman, C.R., and Cruikshank, D.P. *Observing the Moon, Planets, and Comets*. Unpublished manuscript.

——1961, 'A Simultaneous Observing Program,' *J.A.L.P.O.*, *15*, (5–6): 90–94.

——1962, 'The 1961 A.L.P.O. Simultaneous Observing Program – Second Report,' *J.A.L.P.O.*, *16*, (5–6): 134–140.

——1963, 'A.L.P.O. Simultaneous Observing Program Schedule, September – November, 1963,' *J.A.L.P.O.*, *17*, (5–6): 112–113.

Cragg, T.A. 1961, 'Saturn in 1960,' *J.A.L.P.O.*, *15*, (7–8): 124–132.

Cragg, T.A., and Goodman, J.W. 1965, 'Saturn in 1963,' *J.A.L.P.O.*, *18*, (7–8): 132–140.

Cragg, T.A. 1966, 'Saturn's Edgewise Ring Presentation During 1966,' *J.A.L.P.O.*, *19*, (5–6): 73–75.

Cragg, T.A., and Bornhurst, L.A. 1966, 'A Preliminary Report Upon the 1965–66 Saturn Apparition,' *J.A.L.P.O.*, *19*, (9-10): 170–171.

Cragg, T.A., and Bornhurst, L.C. 1968, 'The 1965-66 Apparition of Saturn,' *J.A.L.P.O.*, *21*, (3–4): 54–60.

Davis, M. 2003, 'Shooting the Planets with Webcams,' *Sky and Telescope*, *105*, (6): 117–122.

Delano, K.J. 1971, 'The Brightness of Iapetus,' *J.A.L.P.O.*, *22*, (11–12): 206.

Dollfus, A., ed. *Surfaces and Interiors of Planets and Satellites*. New York: Academic Press, 1970.

Eastman Kodak Co., 1966,'Kodak Wratten Filters for Scientific and Technical Use,' *Pamphlet*, 22nd. ed. Rochester: Kodak, revised.

Elliot, J., and Kerr, R. *Rings*. Cambridge: MIT Press, 1984.

Gehrels, T., and Matthews, M.S., eds. *Saturn*. Tucson: University of Arizona Press, 1984.

Goodman, J.W., et al, 1962, 'An Occultation of BD 19°.5925 by Saturn and Its Rings on July 23, 1962: Observations Requested,' *J.A.L.P.O.*, *16*, (5–6): 131–133.

Goodman, J.W., et al, 1963, 'Saturn in 1962,' *J.A.L.P.O.*, *17*, (5–6): 91–97.

Gordon, R.W. 1979, 'Resolution and Contrast,' *J.A.L.P.O.*, *27*, (9–10): 180–189.

Grafton, E. 2003, 'Get Ultrasharp Planetary Images with Your CCD Camera,' *Sky and Telescope*, *106*, (3): 125–128.

Guerin, P. 1970, 'A New Ring of Saturn,' *Sky and Telescope*, *40*, (2): 88.

Haas,W.H. 1967, 'Latitudes on Saturn: A Note on Comparing Methods,' *J.A.L.P.O.*, *20*, (7–8): 133–135.

——1981, 'Selected Drawings from the 1965–66 Edgewise Presentation of the Rings of Saturn', *J.A.L.P.O.*, *28*, (11–12): 228–230.

——1993,'A Sample Study of the Rotation of the 1990 Equatoirial Zone Great White Spot on Saturn,' *J.A.L.P.O.*, *36*, (4): 151–153.

Harrington, P.S. *Starware*, 2nd ed. New York: John Wiley & Sons, 1998.

Hartmann,W.K. *Moons and Planets*, 4th ed. San Francisco:Wadsworth Publishing, 1995.

——1975, 'Saturn – The New Frontier,' *Astronomy*, 3, (1): 26–34.

Heath, A.W. 1980, 'Some Recent Notes on Saturn,' *J.A.L.P.O.*, *28*, (7–8): 165–166.

Hodgson, R.G. 1970, 'Orbital Inclinations as a Factor in Satellite Light Variations,' *J.A.L.P.O.*, *22*, (1–2): 36.

Horne, J. 2003, 'Four Low-Cost Astronomical Video Cameras,' *Sky and Telescope*, *105*, (2): 57–62.

Horne, J. 2001, 'The Astrovid Color Planetcam,' *Sky and Telescope*, *102*, (2): 55–59.

Jet Propulsion Laboratory, 1977–1981, 'Voyager Bulletin,' *Mission Status Reports No. 1–61*. Pasadena: Jet Propulsion Laboratory (NASA).

Kingslake, R. *Optical System Design*. New York: Academic Press, 1983.

Kuiper, G.P., and Middlehurst, B.M., eds. *Planets and Satellites*. Chicago: University of Chicago Press, 1961.

Lavega, A.S. 1978,'Nomenclature of Saturn's Belts and Zones (Southern Hemisphere),' translated by J.L. Benton, Jr. *J.A.L.P.O.*, *27*, (7–8): 151–154.

Le Grand,Y. *Light, Color, and Vision*. New York.Wiley, 1957.

McEwen, A.S. 2004, 'Journey to Saturn,' *Astronomy*, *32*, (1): 34–41.

Mollise, R. *Choosing and Using a Schmidt–Cassegrain Telescope*. London: Springer-Verlag, 2001.

Morrison, D. *Voyage to Saturn*.Washington: U.S. Government Printing Office, 1982 (NASA SP-451).

Muirden, J. *The Amateur Astronomer's Handbook*. New York: Crowell, 1968.

Naeye, R. 2005, "News Notes: A Flood of Cassini Discoveries," *Sky and Telescope*, *109*, (3): 16–17.

NASA, 1980–2005, *Planetary Photojournal* (Web site – various public domain images).

Pasadena: Jet Propulsion Laboratory (California Institute of Technology).

Optical Society of America. 1963, *The Science of Color*. Ann Arbor, MI: Committee on Colorimetry of the Optical Society of America, 1963.

de Pater, I., and Lissauer, J.J. *Planetary Sciences*.New York: Cambridge University Press, 2001.

Paul, H.E. *Telescopes for Skygazing*. New York: Amphoto, 1976, revised.

Peach, D.A. 2003, 'Saturn at Its Most Spectacular,' *Sky and Telescope*, *106*, (6): 103–107.

Peek, B.M. *The Planet Jupiter*. London: Faber and Faber, 1968.

Proctor, R.A. *Saturn and Its System*. London: Longmans, 1865.

Reese, E.J. *Measurements of Saturn in 1969*. Las Cruces: New Mexico State University Observatory Publications, 1970.

Roth, G.D. *Handbook for Planetary Observers*. London: Faber and Faber, 1971.

Rotherty, D.A. *Satellites of the Outer Planets*, 2nd ed. New York: Oxford University Press, 1999.

Rutten, H., and van Venrooij, M. *Telescope Optics: Evaluation and Design*. Richmond: Willmann-Bell, 1988.

——*Tashenbuch für Planetenbeobachter*. Mannheim: Bibliographisches Institut, 1966.

Sassone-Corsi, E., and Sassone-Corsi, P. 1966, Some Systematic Observations of Saturn During Its 1974–75 Apparition, *J.A.L.P.O.*, *26*, (1–2): 8–12.

——1979, 'Italian Observations of Saturn During 1975–78,' *J.A.L.P.O.*, *27*, (11–12): 222–225.

——1981,'Hypothetical Spectral Variability of Titan,' *J.A.L.P.O.*, *28*, (11–12): 230–234.

——1981,'New Statistical Measurements of Saturn's Rings,' *J.A.L.P.O.*, *29*, (1–2): 24–27.

Schmidt, I. 1960,'The Green Areas of Mars and Colour Vision,' *Proceeding of the 10th Annual International Astronautical Congress*, 171–180.

Sharonov,V.V. *The Nature of the Planets*. Jerusalem: IPST, 1964.

Sheehan,W. 1980, 'On an Observation of Saturn: The Eye and the Astronomical Observer,' *J.A.L.P.O.*, *28*, (7–8): 150–154.

Sidgwick, J.B. *Amateur Astronomer's Handbook*, 3rd ed. London: Faber and Faber, 1971.

——*Observational Astronomy for Amateurs*, 3rd ed. London: Faber and Faber, 1971.

Sitler, J. 1963, 'The Origin and Development of the Dollfus White Spot on Saturn,' *J.A.L.P.O.*, *16*, (11–12): 251–253.

Slipher, E.C. *A Photographic Survey of the Brighter Planets*.Cambridge: Sky Publishing, 1964.

Smith, E., and Jacobs, K. *Introductory Astronomy and Astrophysics*. Philadelphia: Saunders, 1973.

Spilker, L.J., ed. *Passage to a Ringed World: The Cassini-Huygens Mission to Saturn and Titan*. Washington, DC: U.S. Government Printing Office, 1997 (NASA SP-533).

Stevens, S.S., ed. *Handbook of Experimental Psychology*. New York:Wiley, 1951.

Suiter, H.R. *Star Testing Astronomical Telescopes*. Richmond:Willmann-Bell, 1994.

Taylor, S.R. *Solar System Evolution – A New Perspective*. 2nd ed. New York: Cambridge University Press, 2001.

Tytell, D. 2004,'NASA's Ringmaster,' *Sky and Telescope*, *108*, (5): 38–42.

——2005, 'Titan: A Whole New World,' *Sky and Telescope*, *109*, (4): 34–38.

Van de Hulst, H.C. *Light Scattering By Small Particles*. New York:Wiley, 1957.

de,Vaucouleurs, G. *Physics of the Planet Mars*. London: Faber and Faber, 1954.

Vitous, J.P. 1962, 'Observations of Planetary Color,' *J.A.L.P.O.*, *16*, (1–2): 35–37.

Westfall, J.E. 1970, 'Saturn Central Meridian Ephemeris, January, 1970 – December, 1970,' *J.A.L.P.O.*, *22*, (1–2): 36.

——1979, 'Selected Phenomena of Saturn's Satellites: The Fall, 1979, Ring Passage,' *J.A.L.P.O.*, *28*, (1–2): 5-13.

——1980, 'Mutual Phenomena of Saturn's Satellites Titan and Rhea: 1980, January – September 22,' *J.A.L.P.O.*, *28*, (3–4): 55–61.

——1980, 'Mutual Phenomena of Saturn's Brighter Satellites: July –august, 1980,' *J.A.L.P.O.*, *28*, (5–6): 112–116.

——1980,'Recent Observations of Saturn,With Prospects for Spring and Summer, 1980,' *J.A.L.P.O.*, *28*, (5–6): 124–125.

——1980, 'Some Observations of Saturn During the Current 1979-80 Apparition,' *J.A.L.P.O.*, *28*, (9–10): 184–190.

——1984, 'Saturn Central Meridian Ephemeris: 1985,' *J.A.L.P.O.*, *30*, (11–12): 247–249.

Whipple, F.L. *Earth, Moon, and Planets*, 3nd ed. Cambridge: Harvard University Press, 1969.

Woodworth, R.S., and Schlosberg, H., *Experimental Psychology*. New York: Holt, 1954 revised.

# 术语译名对照表

AAVSO star charts 美国变星观测者协会星图
Airy disk 艾里斑
ALPO 国际月球和行星观测者协会
—central meridian (CM) transit data 中央子午线中天数据
—sectional sketches 局部素描图像
—visual observation of Saturn by B value 不同 B 值的土星的目视观测
—visual observation of Saturn's satellites 土星卫星的目视观测
—Relative Numerical Intensity Scale 相对亮度数值标准
—Saturn CM longitudes 土星中央子午线的经度
ALPO Saturn Section 国际月球和行星观测者协会土星部
—seeing scale 视宁度等级量表
—system I, II, and III data 系统 I、II 和 III 的数据
amateur astronomers 天文爱好者
Antoniadi seeing scale 安东尼亚迪视宁度等级
aperture, effective 有效孔径
*Astronomical Almanac*, ephemeris data《天文年鉴》, 星历数据
astronomical seeing 天文视宁度
astrovideography 天体摄影
Atlas 土卫十五
atmosphere of Saturn 土星大气
—auroras 极光
—cloud layers 云层
—composition 成分
—ionosphere 电离层
—polar vortices 极地涡旋
—scattering of light by 光的散射
—stratosphere 平流层
—tropopause 对流层
—vertical structure 垂直结构
—white spots 白斑
—wind patterns 风的模式

*B* (Saturnicentric latitude of Earth) 地球的土心纬度
*B*´ (Saturnicentric latitude of sun) 太阳的土心纬度
BAA 英国天文协会
—intensity scale 亮度标准
—observing programs 观测项目
Barlow lenses 巴洛镜
Bezold–Brüke phenomenon 德布吕克现象

Calypso 土卫十四
camcorders 摄像机
Cassini Regio 卡西尼区
Cassini's division (A0/B10) 卡西尼环缝 A0/B10
—basic data 基本数据
—telescopic appearance 望远镜中的形貌
catadioptrics 折反式望远镜
—for colorimetry 比色测量
—focal ratios 焦比
—Maksutov–Cassegrain (MAK) 马克苏托

夫–卡塞格伦望远镜
—Schmidt–Cassegrain (SCT) 施密特–卡塞格伦望远镜
—spherical aberration 球差
CCD cameras CCD 照相机
CCD chips, sensitivity to infrared wavelengths CCD 芯片，红外波长的敏感度
central meridian (CM) 中央子午线
—transit timings 中天时刻
Charon 冥卫一
Circus Maximus 大角斗场
color, contrast-induced 对比诱导色
color, standard abbreviations 颜色的标准缩写
color filters 滤光片
—"universal" 通用滤光片
—Wratten 雷登滤光片
color perception 颜色感知
color reference charts 比色图标
color sensitivity 感色灵敏度
comets 彗星
cones 视锥
contrast 对比；衬度
—apparent 视衬度
—true 真实衬度
contrast perception 衬度感知
contrast sensitivity 对比灵敏度
convective structure 对流结构
correlation coefficient, personal 相关系数，个人的
Crape ring (ring C) 暗环（C 环）
—at edgewise apparitions 侧身相对的可见期；侧翼相对可见期
—ringlets 细环

Dawes's limit 道斯极限
—comparison with Rayleigh's criterion 与瑞利判据的对比
declination (DEC) 赤纬
Deimos 火卫二
"density wakes" 密度尾迹
digital cameras 数码相机
—zoom function 缩放功能
Dione 土卫四
—bulk density 堆积密度
—co-orbital satellite 共轨卫星
—craters 陨击坑
double stars, for estimates of seeing 双星，视宁度评估
drawing Saturn's globe and rings 土星本体和光环绘图
—factors affecting reliability 影响可靠性的因素
—field orientation 视场定向
—nomenclature 命名
—objective narrative 目标说明
—start and end time recording 记录的起止时间
—strip sketches 带状素描图像
—supporting data 辅助数据

Earth 地球
—magnetosphere 地磁层
eccentric (mean) latitude (*E*) 偏心（平均）纬度（*E*）
efficiency, of telescope 望远镜的效率
electronic imaging eyepieces 电子成像目镜
Enceladus 土卫二
—H2O volcanism 水火山运动
—reflectivity 反射率
Encke's complex/division (E5) 恩克复合体/环缝（E5）
Epimetheus 土卫十一
equatorial zone (EZ) 赤道亮带

—EB (equatorial belt) 赤道带纹
—EZn 赤道亮带北
—EZs 赤道亮带南
exit pupil 出射光瞳
eye, insensitivity to UV light 人眼对紫外光不敏感
eye, photo-receptive cells 感光细胞
eye, sensitivity to IR wavelengths 人眼对红外线的视敏度
eye relief 适瞳距
eyepieces 目镜
—focal lengths 目镜焦距
—parfocal 齐焦目镜

field orientation 视场定向
field of view 视场
—apparent 可见视场
—true 真实视场
filter techniques 滤光片技术
finder telescopes 寻星镜
flip mirror assembly 转镜组件
focal length 焦距
—telescope 望远镜焦距
fork equatorial mountings 福克赤道式装置

Ganymede 木卫三
German equatorial mountings 德国赤道式装置
“go-to” mounts go-to 装置
Great White Spot (1990) 大白斑（1990）
Guerin gap 盖林环缝

Haas, Walter H. 沃尔特 · H. 哈斯
Haas technique 哈斯技术
He precipitation 氦雨
Helene 土卫十二
Herschel 赫歇尔
Huygen’s gap 惠更斯环缝
Hyperion 土卫七
—orbital resonance with Titan 和土卫六的轨道共振

Iapetus 土卫八
imaging Saturn and its ring system 土星和土星环系成像
—astrovideography 天体摄影
—CCD imaging CCD 成像
—systematic imaging 系统成像
—image capturing and processing procedure 捕捉和处理图像的步骤
International Astronomical Union 国际天文学联合会
irradiation 光渗
Ithaca Chasma 伊萨卡峡谷

Janus 土卫十
Johnson UBV filter sets 约翰逊 UBV 滤光镜组
Jupiter 木星
—aurora displays 极光奇观
—cloud layers 云层
—interior 木星内部
—internal heat radiation 内部热辐射
—irregular satellites 不规则卫星
—magnetosphere 磁层
—rings 光环
—rotation 自转
—wind patterns 风的模式

Keeler’s gap (A8) 基勒环缝（A8）
Kellner eyepieces 凯尔纳目镜
Kuiper belt 柯伊伯带

latitude measurement and estimation 纬度

测量
—on CCD and webcam images CCD 相机和网络摄像机图像上的纬度测量
—from drawings 手绘图像纬度测量
—Haas technique 哈斯技术
—on high-resolution photographs 高分辨率照片的纬度测量
—using filar micrometer 采用动丝测微计测量
Luminance 照度

Magnification 放大率
—maximum 最大放大率
—minimum useful 最小可用放大率
Mars 火星
Maxwell division 麦克斯韦环缝
Mercury 水星
—visual geometric albedo 可见光几何反照率
mesopic vision 间视觉
meteorological conditions, optimal for seeing 气象条件，最佳视宁度
Mimas 土卫一
Moon 月球
moonlets 超小卫星

Neptune 海王星
north equatorial belt (NEB) 北赤道带纹
—NEBn 北赤道带纹北
—NEBs 北赤道带纹南
—NEBZ (north equatorial belt zone) 北赤道带纹亮带
north north temperate belt (NNTeB) 南南温带纹
north north temperate zone (NNTeZ) 南南温亮带
north polar belt (NPB) 北极带纹
north polar cap (NPC) 北极冠
north polar region (NPR) 北极区
north temperate belt (NTeB) 北温带纹
north temperate zone (NTeZ) 北温亮带
north tropical zone (NTrZ) 北热亮带

observations 观测
—simultaneous 同时观测
—systematic 系统观测
occultations 掩
—of Saturn by moon 月掩土星
—of stars by Saturn's globe and rings 土星本体和光环掩恒星
oculars *see* eyepieces 目镜，见 eyepieces
Odysseus 奥德赛
Oört cloud 奥尔特云
orthoscopic eyepieces 无畸变目镜

Pan 土卫十八
Pandora 土卫十七
phase angle 相位角
Phobos 火卫一
Phoebe 土卫九
Photometers 光度计
—CCD CCD 光度计
—photoelectric 光电光度计
photopic vision 明视觉
planetary video cameras 行星摄像机
planetocentric latitude 行星中心纬度
planetographic latitude (*G*) 行星面纬度（*G*）
planets 行星
—inferior 内行星
—Jovian 类木行星
—superior 外行星
—terrestrial 类地行星
Plössl eyepieces 普洛目镜
Pluto 冥王星

polar axis 极轴
polar vortices 极地涡旋
polarizers, variable-density 偏振镜，亮度可调偏振镜
Prometheus 土卫十六
pupillary diameter 瞳孔直径
Purkinje effect 柏金赫现象

Rayleigh's criterion 瑞利判据
—comparison with Dawes's limit 与道斯极限的对比
Reflectors 反射式望远镜
—Cassegrain 卡塞格伦望远镜
—Newtonian 牛顿望远镜
reflex sights 反射式瞄准镜
Refractors 折射式望远镜
—achromatic 消色差折射式望远镜
—apochromatic 复消色差折射式望远镜
—chromatic aberration 色差
resolution 分辨率
—of eye, minimum 人眼分辨率，最小分辨率
—theoretical limits 分辨率极限
Rhea 土卫五
right ascension (RA) 赤经
ring A A环
—at edgewise apparitions 侧影可见期
—azimuthal brightness asymmetries 轴向亮度不对称
—ringlets 细环
ring B B环
—radial spokes 径向辐条
ring C C环
ring D D环
ring E E环
ring F F环
ring G G环
ring system of Saturn 土星环系
—basic data 基本数据
—bicolored aspect 双色特性
—detailed view 细节图
—edgewise orientations 侧身朝向；侧翼相对
—extraplanar ring particles 环面上下的环颗粒
—intensity minima 亮度极小
—mass 质量
—origin 起源
—outer edge sharpness 外沿锐利程度
—tilt 倾斜
rods 视杆

S/2004 S1 土卫三十二
S/2004 S2 土卫三十三
satellites of Saturn 土星的卫星
—at edgewise presentations of rings 光环侧影
—eclipses 卫星食
—finder charts 寻星图
—magnitude estimation 亮度评估
—montage 拼接图
—shadow transits 卫影凌土
—shepherding 牧羊犬卫星
—transits 卫星凌土
Saturn 土星
—belts 带纹
—Bond albedo 邦德反照率
—diameter 直径
—mean density 平均密度
—northern hemisphere 北半球
—oblateness 扁率；扁度
—obliquity 转轴倾角
—perihelion 近日点
—Roche limit 洛希极限
—sidereal rotation periods 自转的恒星周期

—southern hemisphere 南半球
—synodic period 会和周期
—thermal response to solar heating 太阳加热的热响应
—zones 亮带
Saturnicentric latitudes 土心纬度
—of Earth (*B*) 地球的土心纬度（*B*）
—of feature (*C*) 特征的土心纬度（*C*）
—of sun (*B´*) 太阳的土心纬度（*B´*）
Saturnigraphic latitude, of feature (*G*) 土面纬度，特征（*G*）
scotopic vision 暗视觉
security cameras 监控摄像机
shadows 影子
—of globe on rings (Sh G on R) 光环上本体的影
—representation on drawings 绘图呈现
—of rings on globe (Sh R on G) 本体上光环的影
solar heating 太阳加热
solar system, simplified view 太阳系，概览
south equatorial belt (SEB) 南赤道带纹
—SEBn 南赤道带纹北
—SEBs 南赤道带纹南
—SEBZ (south equatorial belt zone) 南赤道带纹亮带
south polar belt (SPB) 南极带纹
south polar cap (SPC) 南极冠
south polar region (SPR) 南极区
south south temperate belt (SSTeB) 南南温带纹
south south temperate zone (SSTeZ) 南南温带纹
south temperate belt (STeB) 南温带纹
south temperate zone (STeZ) 南温亮带
south tropical zone (STrZ) 南热亮带
stacking 堆叠
star diagonals 天顶棱镜
*Strolling Astronomer, The*《漫步着的天文学家》
sun, composition 太阳，成分
surface brightness 表面亮度
—apparent 视表面亮度
system I 系统 I
—motion of CM longitude in intervals of mean time 中央子午线经度在相等时间间隔内移动的量
—rotation rate 自转速率
system II 系统 II
system III 系统 III

telescopes 望远镜
—accessories 配件
—categories 类
—choosing, for observing Saturn 选择，用于土星观测
—mountings 装置；支架装置
—computer-controlled 计算机控制
Telesto 土卫十三
Terby white spot (TWS) 特比白斑
Tethys 土卫三
Titan 土卫六
—$CH_4$ absorption filter imaging 甲烷吸收滤光镜成像
—data from UV and IR regions 紫外和红外波段的数据
—ground fog 地表升起的雾气
—haze layer 薄雾层
—hue 色；颜色
—infrared imaging 红外成像
—interior structure 内部结构
—orbital resonance with Hyperion 和土卫七的 3：4 轨道共振
—“petrochemical rain”“石化雨”

—surface material 表面物质

topography, in astronomical seeing quality 地形，天文视宁度质量

transparency, atmospheric 透明度，大气的

ultraviolet (UV) light 紫外线

Universal time (UT) 世界时

Uranus 天王星

Venus 金星

video capture cards 视频采集卡

vignetting 渐晕

visual acuity 视敏度

visual color estimates, absolute 绝对目视颜色评估

visual photometry 目视光度测量

—of satellites 土星卫星的目视光度测量

“visual purple”视紫质

Webcams 网络摄像机

Xanadu 上都

**图书在版编目（CIP）数据**

观测土星 /（美）小朱利叶斯 · L. 本顿著；李德力译. -- 上海：上海三联书店，2024.9. --（仰望星空）.
ISBN 978-7-5426-8607-7

I.P185.5

中国国家版本馆 CIP 数据核字第 2024KJ5126 号

**观测土星**

---

**著　　者** /〔美国〕小朱利叶斯 · L. 本顿
**译　　者** / 李德力
**责任编辑** / 王　建　樊　钰
**特约编辑** / 甘　露　叶　觅
**装帧设计** / 字里行间设计工作室
**监　　制** / 姚　军
**出版发行** / 上海三联书店
（200041）中国上海市静安区威海路755号30楼
**联系电话** / 编辑部：021-22895517
发行部：021-22895559
**印　　刷** / 三河市中晟雅豪印务有限公司
**版　　次** / 2024 年 9 月第 1 版
**印　　次** / 2024 年 9 月第 1 次印刷
**开　　本** / 960 × 640　1/16
**字　　数** / 98千字
**印　　张** / 14

---

ISBN 978-7-5426-8607-7 / P · 14

**定　价：39.80元**

First published in English under the title
Saturn and How to Observe It
by Julius Benton, edition: 1


著作权合同登记号　图字：10-2022-211 号